제주
탐조
일기

제주 탐조일기

펴 낸 날 2012년 7월 5일
지 은 이 김은미 · 강창완

펴 낸 이 조영권
다듬은이 채희숙
꾸 민 이 강대현
알리는이 김원국
도 운 이 정병길

펴 낸 곳 자연과생태
주소_서울 마포구 구수동 68-8 진영빌딩 2층
전화_02)701-7345-6 팩스_02)701-7347
홈페이지_www.econature.co.kr
등록_제313-2007-217호

ISBN 978-89-97429-05-9 93490

제주 탐조 일기

글 · 사진 김은미 · 강창완

자연과생태

프롤로그

사람과 새가 함께 행복한 세상

수만 마리의 새를 살려낸 대단한 사람들은 아니지만 우리 부부가 새를 살려 자연으로 돌려보내는 활동이 사람들의 관심을 모아 자연을 대하는 마음을 변화시키는 작은 계기를 만들었다. 이런 일에 동참하는 사람들이 늘어나면서 우리의 발걸음은 빨라지고 함께하는 보람과 기쁨은 커져 갔다. 우리 부부가 하는 일은 형태가 조금씩 달라도 결국 한 가지다. 아름다운 자연에서 사람과 새가 똑같이 안전하고 행복하게 살아갈 수 있도록 노력하는 것이다.

강창완이 소속되어 있는 '한국조류보호협회 제주지회'는 새를 구조하고 치료하는 직접적인 새 보호활동을 펼친다. 다친 새를 발견했다는 신고가 들어오면 차를 몰고 가서 무슨 새인지 확인하고 데려온다. 상태를 살펴 물을 먹인 뒤 따뜻하고 조용한 곳에서 안정을 취하게 하고, 새에 맞는 먹이를 준다. 물새는 생선, 맹금류는 육류, 새끼는 개 사료 등 종과 연령에 따라 다양한 먹이가 필요하다. 기름에 오염된 새는 따뜻한 물에 주방세제를 풀어 여러 번 씻고 말려주기를 반복한다. 날개가 골절된 새는 날지 못하기 때문에 수명이 다할 때까지 보살핀다. 사람 손에 잡혔던 새는 건강을 회복한 뒤 비행연습을 시켜 스스로 날 수 있을 때 자연으로 돌려보낸다.

'새가좋은사람들'은 새를 좋아하는 사람들의 친목단체였다. 사람들이 새에 대해 알게 되면 좀 더 새에게 관심을 가질 것이고, 어린이들은 자연에 친숙해질 수 있을 것이라는 생각으로 우리 부부가 주축이 되어 2003년에 만들었다. 주요 활동은 일반인을 대상으로 한 탐조 프로그램 운영이었다. 탐조 프로그램에 참여한 사람들은 하늘 높은 곳을 날아가는 새와 달리 망원경 속으로 가까이 들어온 새는 친근하고 사랑스럽다며 지속적인 활동을 이어갔다.

'제주야생동물연구센터'는 '새가좋은사람들'이 연구단체의 성격으로 발전한 사단법인이다. 대표적인 연구활동은 국립생물자원관의 지원을 받은 마라도 이동철새 조사와 제주 전도 제비조사였다. 6년 동안 전도 제비조사를 실시한 결과 제주도에는 10만 마리의 제비가 있었는데, 이 내용은 언론을 통해 보도되었다.

2009년 제주도청의 의뢰를 받아 진행한 『제주조류도감』 발행도 큰 성과다. 지금까지 제주도에 기록된 조류를 모두 포함했고, 과거 제주도 종목록에 올라 있던 새 중 재검토가 필요한 15종을 정리하기도 했다. 센터는 또한 회원들의 현장 기록사진으로 전시회 및 정기보고회를 열고, 아이들을 대상으로 새집 달아주기 행사도 진행했다.

부부 이름으로 책도 만들었다. 처음 만든 책은 2006년 발행된 『주머니 속 새 도감』으로 휴대용 새 도감이다. 새를 보는 부부가 책을 만들었다고 하니 관심이 있었는지 방송과 언론에도 소개되었다. 두 번째 책은 2009년에 나온 아이들을 위한 탐조 에세이 『얘들아, 새 보러 갈래?』이다. 새를 기록하고 촬영하면서 우리 부부만 보기에는 아까운 경험과 사진들을 책으로 엮어내니 마음 속 비밀을 나누어 준 듯 개운했다.

한때 경제적인 어려움 때문에 새를 포기할 생각도 했었다. 하지만 새를 통해 많은 사람들을 만나면서 도움을 주고받다 보니 모두가 든든한 지원군이 되어 이 길을 포기하지 않게 해주었다. 새를 보러 제주도에 오면 우리 부부를 꼭 만나야 한다는 불문율이 생길 정도로 우리를 챙기는 사람들 때문에 새 보는 일이 더욱 즐거웠다. 탐조 프로그램에 참가한 학생과 학부모들은 길에서든 시장에서든 반갑게 달려와 인사한다. 외국에서 온 탐조인들의 감사인사도 과분하게 고맙다.

두 달 넘게 키운 말썽꾸러기 흰뺨검둥오리를 자연으로 돌려보내며, 남편만 보면 구역질을 해대던 큰군함조를 바다로 돌려보내며, 우리는 스스로를 기특하다고 생각했다. 이렇게 새와 사람은 정이 들어가는 것이다. 새가 있고 사람들이 있어 우리는 행복하다.

2012년, 여름

차례

제주도 탐조여행 가이드

제주도 서쪽 해안에서.

새가 맺어준 인연

돈은 못 벌어도 새는 꼭 봐야 했던 그 여자, 그 남자

우리의 만남, 우연이었을까?

우리의 만남은 정말로 우연이었다. 2001년 5월 어느 날이었다. 야외에서 새를 본 지 얼마 되지 않은 새내기 탐조가였던 나는 주로 혼자 새를 보러 다녔는데, 그날은 친구가 새를 보러 가자며 전화를 했다. 친구는 대학원에서 새를 공부하던 터라 새를 잘 구분할 줄 알았다. 한 수 배울 목적으로 친구와의 동행탐조를 흔쾌히 승낙하고 따라 나섰다. 주로 탐조하는 곳이 구좌읍 하도리와 성산읍 성산포 일대라 그날은 제주시를 기점으로 동쪽에서 탐조하기로 했다. 친구는 새를 보면서 기록장에 꼼꼼히 기록하고 망원경으로 새의 특징을 짚어가며 나에게 자세히 설명해주었다.

송악산 정상에 선 김은미 · 강창완 부부.

새 구조로 처음 만나서
매일 탐조 데이트

열심히 배우다 보니 어느덧 해는 서쪽으로 방향을 바꾸고 있었고, 아쉽지만 다음을 기약하며 제주시로 돌아가는데 친구에게 전화가 왔다. 옆에서 통화 내용을 들어보니 다친 새를 구조해 어딘가로 오라는 것 같았다. 제주시로 돌아가는 길에 들르면 되는 장소인데 친구가 잠시 머뭇거렸다. 왜냐고 묻자 새를 구조해서 제주도 서쪽 끝인 대정읍 무릉리까지 가야 한다는 것이다. 시간도 시간이지만 거리가 멀어 고민인 듯했다. 친구는 내게 같이 가겠냐고 묻고는 내가 같이 가지 않겠다면 집 근처까지 데려다주고 혼자 가겠다고 했다.

나는 이왕 나온 거 같이 가자고 했다. 새를 구조한다는 것이 어떤 일인지, 그리고 그 구조한 새를 누가 보호하는지 궁금했다. 내가 선뜻 대답하자 친구는 한시름 놓았다는 표정으로 나를 제주시 인근 원명선원이라는 절 근처 하천으로 데려갔다. 하천가에 중대백로 한 마리가 주저앉아 있었고, 친구는 하천으로 내려가 중대백로에게 다가갔다. 날개를 퍼덕거리기만 할 뿐 움직이지 못하는 중대백로를 친구는 조심스럽게 잡았다. 혹시나 부리에 눈이라도 찔리면 큰일이기 때문에 수건으로 머리를 덮고 안았다. 그렇게 구조한 중대백로를 차에 싣고 속력을 냈다.

한참을 달려 도착한 곳은 한경면 용당리에 위치한 해안 습지였다. 그곳에 새 구조를 부탁한 사람을 비롯해 제주도에서 새를 보는 사람들이 모여 있었다. 친구와 내가 도착했을 때 붉은 노을이 하늘을 수놓기 시작했고, 사람들은 집으로 돌아갈 준비를 하고 있었다. 친구는 구조한 새를 전해주고는 사람들에게 나를 소개했다. 나는 처음 보는 사람들에게 가볍게 인사를 하고 뒤돌아섰는데, 거기 있던 사람 중 한 명이 남편이었다.

일주일 뒤에 다시 만날 기회가 생겼다. 통성명하던 그날 거기 모여 있던 사람들이 저녁 약속을 한 모양이었다. 친목도 다지고 제주도의 탐조 활성화를 위한 논의도 하자는 취지였다. 나는 지나가는 말로 들은 터라 잊어버리고 있었는데, 모임이 있는 날 친구에게서 '모임장소에 나가 있느냐'고 묻는 전화가 왔다. 나는 '무슨 모임'이냐고 되묻고는 언뜻 들었던 모임 내용을 떠올렸다. 나는 별 관심 없다며 나가지 않겠다고 했는데, 친구가 새를 보려면 많은 사람들과 알고 지내는 것이 좋다면서 극구 나가라고 했다. 본인도 급한 일이 있어 참석하지 못했는데 참석한 사람이 너무 적어 모임이 썰렁하니 나가서 머릿수를 채워주기라도 하라는 것이다.

모임장소가 집 근처이고 딱히 할 일도 없고 해서 나갔다. 그 자리에 남편은 이미 나와서 술을 마시고 있었다. 가볍게 목례를 하고 자리에 앉았다. 예닐곱 사람들이 모였고, 새에 관한 이야기를 나누면서 저녁을 먹었고, 저녁은 남편이 샀다. 나는 2차 갈 생각은 없었으므로 집으로 돌아왔다. 두 번째 만남도 그렇게 끝났다. 남편을 만난 것이 친구 덕분이긴 하지만 이 일이 술 석 잔 살 일은 아닌 듯한데 친구는 자꾸 술 석 잔을 사라고 투덜댄다.

다음 날 나는 저녁 자리에서 받은 명함이 있기에 남편에게 저녁식사 고마웠다는 메일을 보냈다. 그리고 일주일 후에 답변이 왔다. 시간되면 한 번 만나서 새에 대한 얘기도 하고 저녁도 먹자는 것이다. 일주일 전에 먹었던 저녁에 대한 보답으로 내가 한 번 저녁을 사는 것이 예의인 듯했고, 관심사가 같으니 새를 보러 갈 때 같이 가자는 부탁도 할 겸 흔쾌히 승낙했다. 이 만남이 연애로 이어질 거라는 생각은 전혀 하지 못했다.

약속한 날 남편은 일이 늦게 끝났는지 저녁 9시가 넘어서 전화를 했다. 늦은 시간이었지만 이왕 만나기로 한 거라서 나갔다. 간단하게 저녁을 먹으면서 얘기를 했다. 남편은 처음 나를 본 날 눈이 번쩍 뜨였다고 말했다. 자신의 이상형이었다는 것이다. 그런데 친구로부터 내가 대학교 4학년생이라는 말을 듣고는 만날 생각을 접었다고 했다. 23살 대학생인 줄 알았던 내가 28살 늙은 대학생임을 알고 나서 남편은 "같이 새 보러 다니자"고 청했다.

5월 제주도 서쪽 해안에서
새를 관찰하던 탐조인들

내 기억은 이렇다. 그런데 남편은 자꾸 아니란다. 내가 만나자는 메일을 보냈다는 것이다. 난 단지 저녁식사가 고마웠고, 새를 보러 다닐 때 도움이 되지 않을까 하는 마음에 정말 사심 없이 메일을 보낸 것뿐이다. 만나 사귀어보자는 내용은 절대 아니었다. 아직도 누가 먼저 만나자고 했는지 여부를 놓고 나와 남편 사이에 실랑이가 벌어진다.

그 당시 나는 차도 없고 운전도 못 해서 새를 보러 가는 곳은 고작해야 버스가 다니는 하도리나 용수저수지 정도였다. 탐조지에 대한 정보도 별로 없어서 새 보는 데 한계를 느끼고 있었다. 그러다가 남편을 만나면서 정말로 많은 곳을 다녔다. 남편은 얽매인 직장이 없어 돈벌이는 시원치 않아도 새에 대한 열정만은 남달라 제주도 이곳저곳 안 다닌 곳이 없었다. 나 또한 학생으로 돈과는 거리가 멀었지만 새를 공부하기 위해 생물학과를 다시 들어간 터라 새에 대한 열정은 누구보다도 높았다. 서로 돈은 못 벌어도 새는 꼭 봐야 하겠기에 만나면 새를 보러 다녔다. 너무 늦게 만난 것을 보상이라도 받으려는 듯 우리는 매일 새를 보러 다녔다.

신혼여행은 지인과 함께 전국 탐조 투어!

하도리 철새도래지에서 신혼 시작하다

매일 같이 새를 보러 다니다 보니 슬슬 결혼 얘기가 나왔다. 남편은 나와 8살 차이라는 것이 부담스러운 눈치였다. 남편의 부담을 덜어주는 한마디를 던졌다. “부모님은 내가 공부하기 위해 결혼을 포기한 줄 아는데 결혼한다고 남자를 데리고 가면 나이가 많아도 대환영일 것이에요.” 사실이었다. 서른을 앞둔 딸내미의 혼사를 걱정하던 부모님은 정말로 두 팔 벌려 예비사위를 환영해 주셨고, 우리는 2002년 1월 결혼했다.

신혼여행은 ‘전국 탐조 투어.’ 서울 사는 남편 지인이 차를 가지고 제주도에 와서 머물고 있었는데, 부탁을 해서 같이 탐조지를 들르면서 서울까지 가기로 했다. 완도행 배를 타고 육지에 도착해 맹금류가 많다는 고천암, 호사비오리가 와 있는 진주, 흰비오리를 보기 위한 충주댐,

가창오리 군무를 구경하기 위한 서산, 황새가 와 있는 익산 등을 거쳐 서울에 도착, 신혼여행을 끝냈다. 지금도 나는 종종 토라지면 '그게 무슨 신혼여행이냐'고 툴툴대지만 남편은 '신혼여행 이후에 비행기 많이 태워주었으면 됐지 무슨 불만이냐'고 당당하게 말한다.

빈 집 빌려 개조해 놓으니 탐조인들 쉼터가

결혼을 하고서 남편은 고민 한 번 해보지 않고 하도리 철새도래지가 보이는 곳에 집을 빌려 살자고 말했고, 바로 집을 찾아 돌아다녔다. 전혀 연고가 없던 지역이라 집을 빌리는 일은 쉽지 않았다. 시골은 외지 사람들이 들어와 사는 것을 탐탁지 않게 여기는 정서였기 때문에 집을 빌리기는 더욱 어려웠다. 하지만 지성이면 감천이라고 철새도래지가 보이는 언덕배기에 사람이 살지 않는 집이 있었다. 딱 보기에도 족히 10년 넘게 비어 있었을 것 같았다. 부엌은 솥을 걸어 밥을 해먹던 옛날 방식 그대로이고 화장실은 없었다. 나무를 때 구들을 덥히는, 그야말로 '옛날 촌집'이었다.

그 집을 보는 순간 나는 막막했지만, 남편은 바로 결심을 굳혔는지 옆집으로 가서 집주인을 수소문하고 전화를 걸어 집을 빌렸다. 그리고 다음 날부터 집수리에 들어간다고 선언했다. 하도 어이가 없어 화도 나지 않을 지경이었으나 무일푼에 직장도 없는 터라 딱히 대책이 있는 것도 아니어서 일단 남편을 믿어보기로 했다. 남편 매형이 수도 설비와 관련된 일을 하고 있어서 보일러에 대한 정보며 자재들을 얻을 수 있었다. 화장실로 이용할 작은 공간은 남편 사촌형이 갖고 있던 중고 패널을 가져다가 직접 지었다. 나무로 된 마룻바닥을 뜯어내고 돌을 채워 다시 보일러 관을 놓고 시멘트를 이겨 발랐다. 부엌에는 버려진 싱크대 상판으로 수납공간을 만들어 설치했다. 두 달 정도 뚝딱뚝딱 하다 보니 사람이 살 만한 집이 완성되었다.

모르는 사람들은 "새를 보면서 아침을 시작하니 낭만적"이라고 말하지만 철새도래지에 사는 것이 생활인 나에게는 특별한 감흥이 없었다. 새를 보러 멀리 가지 않아도 되니까 유류비 절약 차원에서는 참 좋다는 생각 정도라면 내 마음이 메마른 것일까.

남편은 사람을 좋아한다. 하도리는 철새도래지로 워낙 유명한 곳이라 우리나라에서 새를 보는 사람이라면 탐조하러, 조사하러, 혹은 구경 삼아 한 번쯤은 꼭 찾는 곳이다. 새를 보면서 아침을 시작하는 곳이 하도리요, 새를 보면서 하루를 끝내는 곳이 하도리이다 보니 누가 새를 보러 오면 우리 부부에게 알려지게 되었다. 새를 보러 제주도에 오는 사람들은 필히 우리 신혼집에서 하룻밤을 보냈다. 우리는 하도리 신혼집에서 많은 사람들을 만났고, 그 소중한 인연을 아직도 이어가고 있다.

성격 달라 속 터져 하면서도 늘 새와 함께

우리 신혼집에는 또 다른 손님이 있었다. 남편이 한국조류보호협회 제주지회에서 다치거나 아픈 새를 구조하는 일을 하면서 방 하나는 새들이 차지했다. 갈매기나 아비 같은 물새들은 화장실을 점령했다. 처음에는 밖에 새장을 만들어 새를 보호했는데, 방으로 한 마리 두 마리 옮기다 보니 어느새 방 하나는 새들의 보금자리가 되었다. 아픈 새를 구조해 오는 것은 좋은데 방 청소도 어렵고 새똥이 벽에 묻으면 지울 수도 없고 냄새가 난다는 등의 이유로 웬만하면 밖에 두라고 말했지만 남편은 점점 내 말을 듣지 않았다. 구조한 새들을 방에 들이는 이유는 단 하나라고 했다. 다친 새나 아픈 새들은 따뜻해야 살아날 가능성이 높다는 것이었다. 새를 살리기 위해서라는데 어쩌겠는가. 내가 양보할 수밖에.

외지에서 손님들이 와 방이 필요한 경우를 제외하고는 항상 새들에게 큰 방이 제공되었다. 화장실 또한 예외가 아니어서 갈매기들이나 아비류의 따뜻한 보금자리가 되었다. 새끼들이 구조되는 경우 마루는 물론이고 우리가 잠자는 방이나 자동차 안 또한 새들을 위한 공간이 되었다. 화분의 새싹은 흰뺨검둥오리의 먹이가 되었고, 자동차 시트는 직박구리 새끼의 의자가 되었다. 우리는 지렁이와 귀뚜라미를 잡으러 집 주변 돌과 흙을 들추며 다녔다. 구조된 새들의 치료나 먹이 주기는 대부

1 구조한 새의 기름을 닦아내고 깃털을 말려 주었다.
2 구조한 논병아리를 위해 세면대에 물을 받아 주었다.
3 하도리의 신혼집 화장실을 점령했던 갈매기들.

분 남편 몫이었고 나는 잠깐씩 도와주는 역할만 했다. 그래도 살아서 우리 집을 나가는 녀석들을 보면 기특했고 나도 무언가 한 것 같아 뿌듯했다.

남편과 새를 보러 나가면 나는 기록하기에 바빴고, 그런 나를 보면서 남편은 기록은 나중에 하고 새를 보라고 다그쳤다. 그래서 항상 긴장감이 감돌곤 했다. 같은 관심사를 갖고 있음에도 불구하고 신혼 초기에는 자잘한 다툼이 많았다. 어디로 새를 보러 갈 것인지, 새를 보러 가서 구분하기 애매한 새가 나오면 나는 이런 새 같다 하고 남편은 아니라며 이런저런 특징을 들어서 다른 새라고 반박하곤 했다. 새를 보고나서 남편은 벌써 저만치 가 있는데 나는 본 새들을 기록하느라고 가만히 서 있으면 왜 안 오느냐고 안달이었다. 내가 본 새는 내가 기록할 수 있지만 혹시 내가 보지 못하고 누락된 새가 있을까 싶어 물어보기라도 하면 지금 새 보느라 바쁘니까 나중에 하자고 한다. 나중에는 분명히 잊어버릴 텐데. 그리고는 시간이 한참 지난 후에 무슨 새가 언제 나타났었는지 기록해 놓은 것을 찾으라며 재촉한다. 한마디로 속 터진다.

남편은 남편대로 나에 대해 속이 터진다고 한다. 새를 보러 가면 새는 안 보고 기록에만 정신이 팔려 있고, 중요한 새가 나타나는지 눈 크게 뜨고 찾으라고 하면 멍하니 창밖만 바라보는 것 같고, 나중에 한꺼번에 기록하면 될 것을 굳이 지금 해야 된다고 시간 보내다가 사진 찍기 좋은 장면을 놓치기도 한다고 불평이다. 그리고 무슨 새를 언제 봤

©최창용

이동 조사를 위해 포획한 새의 다리에 가락지를 부착하는 작업 중이다.

는지 꼼꼼하게 기록했으면 얼른 찾아서 얘기해 줘야지 왜 그렇게 뜸을 들이고 찾지 못하는지 답답하다고 한다. 서로의 성격을 잘 모르던 신혼 시절이고 새를 보는 목적도 서로 달랐으니 이런 의견충돌이야 일어날 만하다.

결혼하고 하도리에 살면서 경제적으로 많이 쪼들렸다. 그래도 경제적인 문제로 다툰 기억이 거의 없는 이유는 새가 많은 동네에 살면서 항상 새를 볼 수 있었기 때문이었을 것이다. 하지만 우리가 새를 보는 장소는 하도리와 성산포 주변으로 한정되어 있었다. 당시 주로 다니던 곳은 구좌읍 하도리, 성산읍 성산포, 구좌읍 행원리, 표선면 표선해수욕장 등이었다.

하도리에 살 때 초등학생들을 대상으로
탐조 프로그램을 운영했다.

탐조지역 넓히고 팔색조 연구 꾸준히 진행해

과수원 관리사에서의 서귀포 시절

2002년 3월부터 시작된 하도리에서의 신혼생활은 2005년 3월로 끝이 났다. 우리가 살던 집이 팔리면서 집을 비워야 했기 때문이다. 우리는 하도리나 종달리에 집을 빌려보려고 무던히 애를 썼지만 하도리와 인근 동네에 우리 부부가 환경보호론자로 소문이 나 있었기에 우리에게 집을 빌려주지 말라는 얘기까지 나돌고 있었다. 우리가 동네의 환경훼손이나 오염을 문제제기하면 골치 아프다는 것이다.

우리는 하도리에 살면서 동네 대소사를 살폈으며, 하도리가 철새도래지로 명성을 얻고 있는 만큼 이를 활용해 마을 수익을 올릴 수 있는 방법을 찾는 등 노력을 많이 했는데, 마을 어르신들에게는 우리의 마음이 전달되지 않은 듯했다. 섭섭함도 조금은 있었지만 마을에 대한 애정이야 토착민이 가장 크겠지 생각하고 미련 없이 하도리를 떠났다. 떠나던 날 우리 부부에게 친절하셨던 옆집 아주머니와 옛날 말테우리를 하셨던 할아버지는 종종 놀러오라며 못내 섭섭해 하셨다. 그 분들은 그 뒤로도 새를 보러 하도리에 가면 반갑게 맞아주셨다.

타박과 격려 속에 포획, 밴딩도 배워

하도리를 떠나 정착한 곳은 서귀포시 과수원 관리사였다. 7평 정도 되는 허름한 슬레이트 집으로 이 집 또한 만만치 않았다. 다행히 보일러는 들어오지만 주방도 화장실도 없었다. 집이 있다는 것만으로도 다행스러운 일이었으나 사는 게 참 녹록치 않구나 싶어 이사하고서 이틀을 앓아누웠다. 이런 나를 보며 남편은 2년만 여기서 살고 나가자며 손을 잡아주었다. 남편이 속상해하는 것을 알면서도 나는 남편의 손을 뿌리치며 돌아누워 버렸다.

한 달 정도 집수리를 마치고 나니 주방이랑 화장실이 생겼다. 나는 어쩔 수 없는 상황을 인정하며 안정을 찾았고, 속상했을 남편에게 미안하다고 사과했다. 서귀포시로 옮기고 나서는 탐조지가 바뀌었다. 겨울철에는 주로 한경면 용수리와 금등리 해안, 대정읍 무릉리 논을 찾았고 봄철에는 대정읍 하모리 알뜨르 비행장, 섯알오름과 인근 농경지나 숲을 찾았다. 마라도에 봄과 가을에 이동하는 새들이 많다는 정보를 입수해 가까운 지인들과 함께 들어가기도 했다. 여름에는 팔색조를 찾아 서

남편은 현장에 나가면 열정이
넘치듯 활발히 탐조한다.

귀포시 중산간 숲과 계곡을 헤매고 다녔다. 가을철은 새들이 별로 없기 때문에 농사일을 도왔다.

서귀포에 살면서 봄철 이동철새를 보러 많이 다녔으며 포획해서 밴딩(새를 포획해 다리에 가락지를 부착하고 크기를 측정한 후 날려 보내는 작업으로, 가락지는 무게가 가벼운 알루미늄이나 알루미늄 합금, 스테인리스 등으로 만들어진다)하는 법도 배웠다.

남편과 나는 4월 중순이 되면 새를 보러 가면서 포획할 그물과 밴딩 장비들을 챙겼다. 나는 내심 못마땅했다.

"새를 보러 갔으면 새를 봐야지. 포획하려면 한 사람은 자리에 머물면서 새가 잡히나 확인해야 하니까 돌아다니며 새를 볼 시간적 여유가 없잖아."

그러나 남편은 포획해서 새를 잡는 법도 알고 있어야 하고, 앞으로 밴딩 작업이 활성화될 수도 있기 때문에 필히 해야 할 작업이라고 설명했다. 남편은 툴툴거리는 나와 그물 칠 장소를 물색했고, 풀이 걸리지 않게 제거하는 작업을 했으며, 내가 그물을 잡고 있으면 묶고 설치했다. 그물이 바닥에 쓸려 지푸라기라도 걸릴라치면 똑바로 잡지 않는다고 타박이었다. 그리고 새가 그물에 잡히면 조심스럽게 떼어내야 한다며 시범을 보이는데 나는 손이 무뎌서 그런지 자꾸 그물에 새 다리가 걸려 어려움을 겪었다. 정말 짜증나는데도 남편은 "하다보면 익숙해지고 잘 할 수 있다"고 격려하고 그물을 잘 지키라면서 새를 보러 가버렸

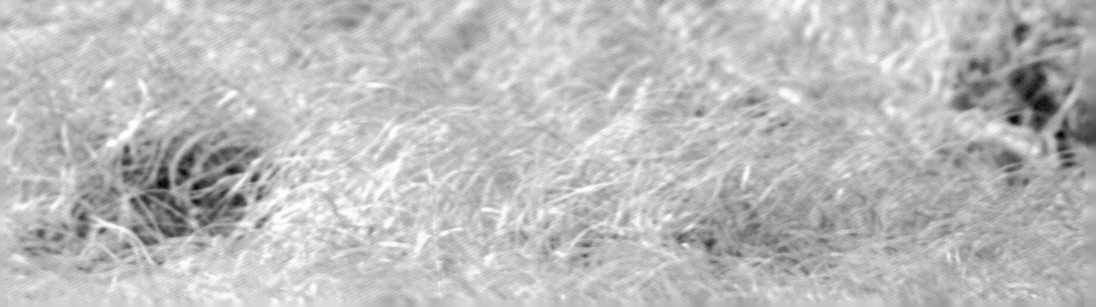

다. 타박했다 격려했다 멋대로인 얄미운 남편. 남편이 가고 나서 갑자기 새가 우르르 걸렸다. 앗싸! 전화를 걸어 얼른 남편을 불렀다. 남편은 군소리 없이 그물로 와서 새를 떼어냈다.

주로 그물을 치던 곳은 섯알오름이었는데 그 곳에는 산딸기가 정말로 많이 났다. 새를 보는 재미와 더불어 산딸기 따먹는 재미 또한 쏠쏠했다. 5월 어느 날 국립생물자원관에 근무하는 김화정 박사와 함께 섯알오름에서 새를 보던 중 내가 산딸기를 따서 건넸다. 김박사님는 하나 맛보더니 참 맛있다면서 산딸기가 더 있는지 주변을 살피기 시작했다. 그러다가 우리 두 사람은 새 보는 것을 잠시 잊고 산딸기를 찾아 헤맸다. 이후 그녀는 5월이 되면 산딸기 생각이 난다면서 새도 새지만 산딸기 따먹으러 제주도에 가고 싶다는 얘기를 종종 했다.

계곡에서의 친절은
위험한 행동이라고?

대학원에서 석사 논문을 팔색조로 썼기 때문에 서귀포시에 살 때는 학위 과정을 다닌 것은 아니지만 미래를 위해 팔색조 조사를 꾸준히 해오고 있었다. 여름이 되면 팔색조 조사를 위해 계곡을 찾았다. 계곡은 덥고 습해 모기가 엄청 많았고, 바위는 들쭉날쭉 서 있었으며, 이끼가 끼어 비가 오고 난 후에는 무척 미끄러웠다. 계곡으로 들어가는 길은 급경사에 풀은 왜 그리 키가 큰지 앞이 보이지 않을 정도였다. 팔색조

기록이 몸에 밴 내게 남편은 늘 더디다며 핀잔을 준다.

서식을 방해하지 않으려고 둥지를 찾거나 무인촬영장치를 설치할 때는 남편과 나 둘만 계곡으로 들어갔다. 급경사에서 손을 잡아줄 만도 한데 남편은 그냥 앞장서 가버린다. 계곡으로 들어서 바위가 높으면 손도 잡아주고 미끄러운 데는 조심하라며 주의를 줄 법도 한데 묵묵히 앞만 보며 간다. 참으로 야속한 남편이다.

남편은 계곡이 위험하다고 손을 잡아주고 발을 받쳐주는 행동은 자칫 두 사람 다 위험에 처할 수 있기 때문에 삼가야 한다고 말했다. 이성적으로는 옳은 말이지만, 내가 위험에 처해도 자기는 안전하겠다는 말로 들려 무척 섭섭했다. 간혹 같이 간 일행이 계곡길에서 내게 손을 내밀면 저 멀리 무심한 저 사람이 정말 내 남편인가 싶기도 했다.

그러나 시간이 흐르다 보니 생각이 바뀌었다. 끝까지 남편만 의지해서 갈 수 있는 길이 아니라면 냉정한 남편의 행동이 나에 대한 배려일 수 있겠다 싶어진 것이다. 남편인들 내 손을 잡아주고 발을 받쳐주고 싶지 않겠는가.

이제는 이해와 체념을 반복하며 남편과 함께 계곡을 잘 누비고 다닌다. 그래도 계곡에 들어가서 모기에게 뜯기지 말라고 모기기피제를 발라주는 정도의 친절은 베푸는 남편이다.

눈이 무척 많이 오던 날.
현장에 나가면 내게 무덤덤하게 행동하는 남편이지만
실은 듬직해 의지되는 면이 더 많다.

같은 새 보면서 다른 이름 말하는 충돌도 있어

아픈 새를 만나면 이렇게 해주세요

새를 통해 만나서 결혼하고 새와 함께 사는 부부지만, 함께 새를 보러 다니다 보면 갈등과 불편이 생긴다. 가장 자주 일어나는 충돌은 같은 새를 보면서 이름을 서로 다르게 말하는 것이다. 새의 특징을 짚어가며 자신이 맞다고 우길 때는 참 난감하다. 야장에 기록할 수도 없다. 이럴 때는 목소리를 누가 크게 내느냐에 따라 새 이름이 결정된다. 이 갈등을 덮으려고 일부러 져주기도 하지만 찜찜한 기분은 어쩔 수가 없다. 결국 사진에 담아 새를 잘 구분하는 고수들에게 보낸다. 고수들의 답변에 따라 또 기 싸움이 시작된다. 내 말이 맞지 않았냐고.

야외에서 새를 구분할 때는 애매한 새들이 많다. 같은 종인데도 깃털갈이 중인 새, 여름깃, 겨울깃, 성조, 유조 등이 각각 다른 깃털색을 갖고 있기 때문이다. 새를 많이 보면서 경험을 통해 익힐 수밖에 없는

©강희만

아웅다웅할 때도 있지만, 대부분 새와 관련된 것이라 뒤끝은 없다.

부분이다. 도감에 포인트가 나와 있다고 해도 대표적인 그림을 벗어나는 새가 나타나면 힘들어진다. 탐조 고수의 말대로 가장 좋은 동정생물의 분류학적 소속이나 이름을 바르게 정하는 일은 감이라고 했던가. 우리는 감을 잡기 위해 지금도 노력 중이다.

구조활동은 일반인의 신고로 이루어져

일상적인 불편은 생리현상 해결 문제다. 사람들이 잘 다니지 않는 계곡이나 숲은 비교적 쉽게 해결할 수 있지만 월동지처럼 간간히 사람이 나타나는 곳은 급해도 해결할 방법이 없다. 게다가 새를 보기 시작하는 초반부에는 화장실에 가자는 말도 못 꺼낸다. 미리 해결하지 않았다는 핀잔을 듣기 때문이다. 웬만하면 참다가 도저히 안 될 것 같으면 핀잔 들을 각오를 하고 얘기하거나 아들을 핑계 삼아 간식을 사야 하니까 마트에 들르자는 식으로 해결한다.

새를 연구하는 데 사진은 꼭 필요한 도구다. 새를 찍으려면 무거운 장축렌즈가 필요한데 이것이 고가인 데다 엄청 무겁다. 차를 타고 돌아다닐 때야 걱정이 없지만 마라도처럼 장비를 직접 들고 가야 하는 탐조지인 경우는 출발하기 전부터 힘이 빠진다. 계곡 조사를 갈 때는 무거운 장비 때문에 낑낑거리고, 미끄러져 장비가 망가질까봐 노심초사하며 신경을 써야 한다. 이런 날은 한 10년은 늙어버린 느낌이다.

돌보던 논병아리를 자연의 품으로 돌려보냈다

이렇게 좌충우돌도 불사하는 우리 부부의 일 중 탐조활동에 대해서는 구체적인 내용을 모르더라도 어떤 일인지 짐작하는 경우가 많지만, 구조활동에 대해서는 의아해하는 분들이 많다. 119처럼 화재신고를 받는 것도 아닌데, 이 넓은 땅 어디에서 어떤 새가 다쳤는지 어떻게 알아서 구조하러 가는지 모르겠다는 것이다.

구조활동은 일반인들의 신고에 의해 이루어진다. 차를 타고 달리는 도로에서나 등반길의 산에서나 낚시터의 물가에서 다치거나 아파 움직이지 못하는 새를 발견하고 새를 구조할 수 있는 기관이나 단체한국조류보호협회 제주지회, 제주도청과 제주시청 민원실, 제주소방서 민원실, 제주야생동물구조센터 등에 신고하면 새를 안전하게 다룰 줄 아는 전문가들이 출동해 데려와 보호와 치료를 병행, 회복시켜 자연으로 되돌려 보내는 일련의 과정을 구조활동이라고 한다. 신고를 하려면 새의 상태를 살피고 관련기관의 전화번호를 알고 있어야 하는 등의 번거로움을 귀찮아하지 않을 만큼 새에 대한 관심과 적극성이 있어야 하는데, 다행히도 이런 신고가 점차 늘고 있다. 자연과 생명에 대한 관심과 사랑이 늘고 있다는 말이고, 사람들 가슴 속에 따뜻한 사랑이 남아 있다는 증거라 생각한다.

새를 구조하거나 신고할 때는 새의 종류에 따라 요령이 다르다. 자칫 잘못하면 새의 부리나 발톱에 상처를 입을 수 있으므로 주의해야 한다. 부리와 목이 길고 뾰족한 백로류, 해오라기류, 아비류 등은 빠르고 정확하게 표적을 맞추는 능력이 뛰어나기 때문에 구조할 때 부리를 조심해야 한다. 가능하면 눈을 보호할 수 있는 안경을 착용하는 것이 좋지만 여의치 않을 경우 넓은 수건이나 천으로 새의 머리를 감싼 후 눈을 가리고 손으로 부리를 잡아 못 움직이게 해야 한다. 이 새들은 물고기를 놓치지 않도록 부리에 톱날과 같은 미세구조를 가지고 있어 물어당길 경우 손가락이 찢어질 수 있으니 특히 조심해야 한다.

부리와 발톱이 날카로운 매나 황조롱이 같은 맹금류는 탈진하거나 날개가 부러져 힘이 없는 상태로 들어왔다고 해도 날카로운 발톱은 여전히 위험하다. 보호장갑과 보호안경을 착용하는 것이 바람직하고, 얼굴을 부리로부터 멀리 두어야 한다. 까치, 까마귀, 어치 같은 새도 부리가 날카롭고 무는 힘이 강하기 때문에 반드시 보호장갑을 사용해야 한다.

작은 새나 새끼들이 다쳤을 경우 조심스럽게 다루지 않으면 날개나 다리가 쉽게 상할 수 있다. 따뜻하고 조용한 곳에 신문지나 화장지 등으로 부드럽고 포근한 둥지를 만들어 주고 외부로부터의 스트레스를 줄이는 것이 중요하다. 또 새끼 새가 혼자 있다고 해서 바로 데리고 오면 안 된다. 둥지를 떠나 어미새를 따라다니는 새끼들은 주변에 어미가 있는지 먼저 확인해야 한다. 주변에서 어미새의 경고음이 들린다면 다른 동물이나 자동차의 피해를 입지 않을 만한 장소로 옮겨 놓는 것이 사람이 보살피는 것보다 현명한 대처법이다.

자동차나 유리창에 충돌한 경우 잠시 기절했다가 깨어나는 일이 많으므로 조용한 곳으로 옮겨 상태를 수시로 확인한 후 정신을 차리면 날려 보낸다. 먹이를 먹지 못하고 탈진한 새라면 설탕을 따뜻한 물에 타서 먹이는 것이 좋다. 이온음료를 먹이는 것도 도움이 되지만, 새가 설사를 한다면 이온음료가 오히려 해가 될 수 있으니 주의해야 한다. 가장 중요한 것은 일반인이 다친 새를 치료하기는 어려우므로 조용한 곳에서 안정을 시킨 다음 구조관련 기관에 연락해 전문가의 도움을 받도록 하는 것이다.

새 구조기관: 한국조류보호협회 제주지회064-792-4749, 제주도청 · 제주시청 · 서귀포시청 민원실128, 제주소방서 민원실119, 제주야생동물구조센터064-752-9982.

1 우리 부부가 함께 데리고 다니며 먹이를 먹여 돌보던 직박구리.
2 동물병원에서 구조한 새의 상태를 살피고 있다.

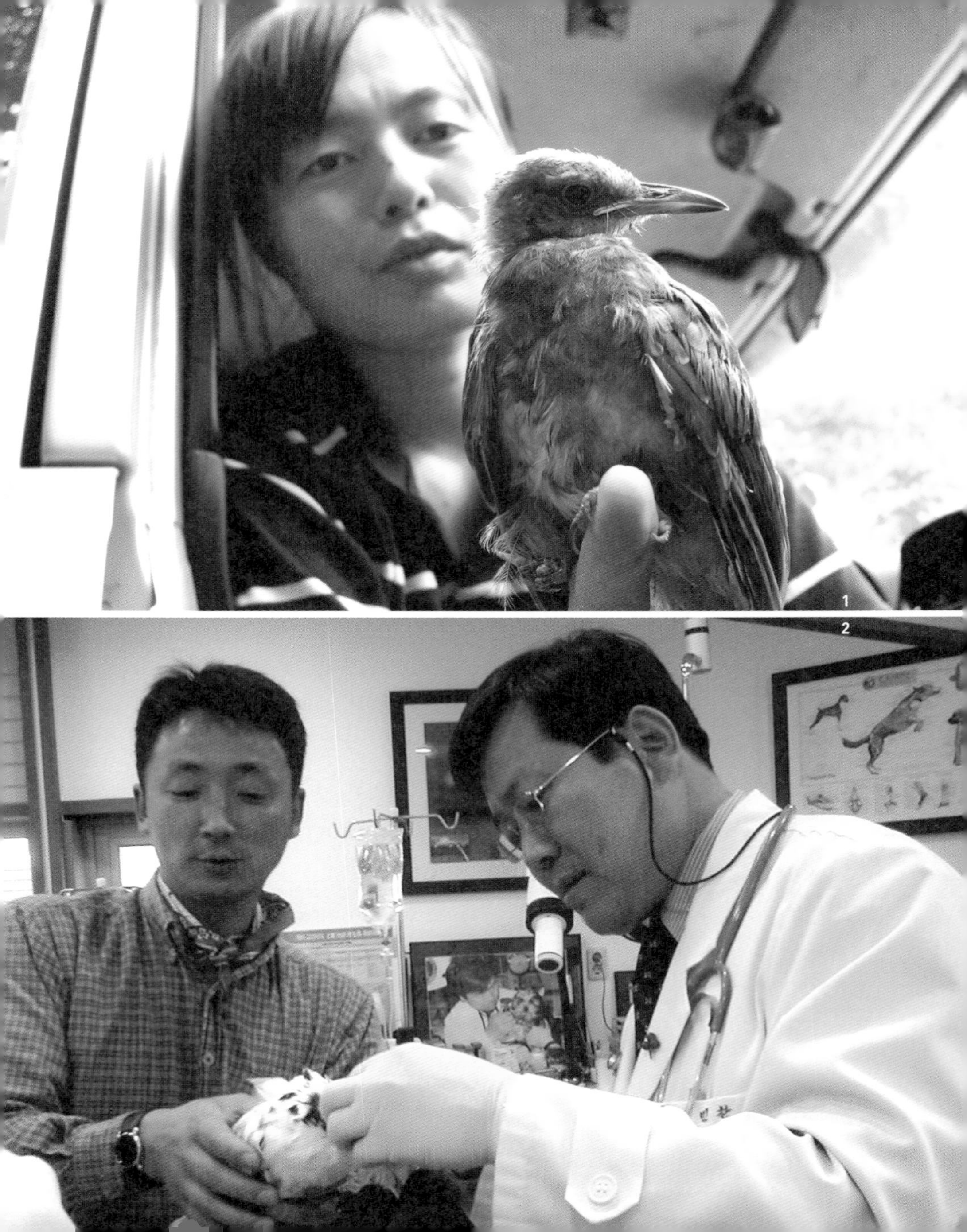
1
2

아내는 박사 학위, 남편은 자연다큐 제작이 목표

함께 꿈꾸는 미래는 생태관찰원 운영

2008년부터 내가 출퇴근하는 직장국립산림과학원 난대산림연구소을 갖게 되어 조사를 나갈 수는 있어도 예전처럼 자유롭게 돌아다닐 수는 없게 되자 우리 부부의 새 보러 다니는 패턴이 달라졌다. 항상 같이 붙어 다니던 껌딱지였던 아내와 같이 있을 수 없게 되자 남편은 조금 허전한 모양이다. 그래서 틈이 날 때마다 남편을 불러 야외 조사를 함께 나가 새를 본다.

하지만 지금 내게 중요한 일은 그동안 야외에서 조사하고 기록했던 자료들을 정리해 논문이나 보고서로 완성하는 것이다. 참고문헌 등 자료 접근성이 높은 연구소에서 근무하기 때문에 지난 10년 동안의 기록을 정리하는 데 큰 도움이 된다. 주제는 팔색조. 지금까지 조사된 팔색조에 대한 자료는 먹이분석, 피해현황, 과거 서식환경 비교, 고도별 번

팔색조 둥지를 촬영하기 위한 무인촬영장치.

식지에 대한 현황 등이다. 앞으로는 제주도를 비롯한 전국 팔색조의 분포, 대만과의 비교, 암수 외부측정치 비교 등 지금까지 다루어지지 않았던 팔색조 관련 조사를 할 것이다. 그리고 차일피일 미루었던 박사학위에 도전할 것이다.

아들 강생이와 3인조 탐조팀 결성하고

남편은 자신의 이름을 건 자연다큐를 꿈꾸며 동영상 촬영 소재가 있으면 어디든 달려간다. 사계절 내내 바쁘다. 봄에는 이동철새 조사를 위해 마라도에서 살다시피 하고, 여름에는 나의 팔색조 연구를 돕는다고 계곡이며 숲을 헤맨다. 가을에는 조금 뜸했다가 겨울이 되면 철새 월동지를 돌며 새를 본다. 조사수당 등을 열심히 모아 올해는 D4 카메라와 500mm 자동초점렌즈도 살 계획이다. 새롭게 마련한 장비로 본인이 구상해온 자연 다큐멘터리를 완성할 그날을 기대해 본다. 한국조류보호협회 제주지회장으로서형님의 뒤를 이어 지회장 일을 맡았다 다치거나 아픈 새들을 구조하고 치료하는 일에도 최선을 다할 것이다.

덕담인지 악담인지 "새만 보면서 자식 없이 살 것 같다"고 얘기하던 지인들은 우리 아들을 '강생이'라고 부른다. 강씨 집안에 생이새의 제주도 사투리가 태어났다는 뜻에서다. 지인들은 남편 보고 촬영할 때 삼각대 들어줄 아들이 생겨 든든하겠다고 한다. 그러면 남편은 조만간 삼각

1 쌍안경과 장축렌즈는 남편의 필수품이다.
2 다큐를 촬영하는 남편. 여러 차례의 협동 작업을 경험했으니 이제 본인 이름으로 된 작품을 만들고자 한다.

1

2

대 들고 같이 탐조 다닐 거라며 좋아한다. 2010년 아들이 태어난 후 1년 정도 제주시에서 지냈다. 아들이 어려 멀리는 못가고 가끔 한라수목원을 산책 삼아 들르곤 했다. 남편은 아들과 오래 떨어져 있지 않으려고 먼 탐조지보다는 제주시와 가까운 애월읍 금성리 해안이나 한림읍 한림항을 주로 다녔다.

요즘 나는 쌍안경을 장난감으로 생각해 뺏으려드는 아들과 함께 틈나는 대로 새를 보러 다닌다. 아직 새를 모르지만 차만 타면 좋아하는 아들이라 같이 돌아다니는 일이 어렵지 않다. 새를 보면 '새'라고 외치는 아들과 함께 3인조 탐조팀이 결성된 것이다. 앞으로 새를 좋아할지 안 할지는 모르겠지만 지금은 차 타고 돌아다니기를 좋아하는 것만으로도 고맙다.

2011년 11월에는 처음으로 배를 타고 주남저수지를 함께 갔다. 파도가 심해 약간 멀미는 했어도 큰 무리 없이 견뎌낸 아들이 대견스러웠다. 12월에는 비행기를 처음 탔고 경기도 파주 일대를 돌아다녔다. 처음에는 낯설어 했지만 금세 적응되어 좋다고 돌아다녔다. 아직은 쌍안경을 들기에도 버거운 나이지만 함께 돌아다닐 수 있어 좋고, 앞으로 셋이서 같이 새 볼 날을 기다리며 하루하루가 즐겁다.

우리 세 식구는 딱 필요한 만큼의 돈을 벌고 있다. 자동차 유지비와 식비, 그리고 각자의 꿈남편은 카메라, 나는 박사 학위을 위한 약간의 저축이 그 기준이다. 식비에 고급 레스토랑의 스테이크는 들어가지 않지만 그

1 탐조 멤버가 된 '강생이'. 차 타기를 좋아하는 것만으로도 우리 부부에게 큰 도움이 된다.
2 산새를 조사하기 위해 야영 중이다.

런 외식을 좋아하는 사람이 없으니 불만도 없다.

우리 부부의 꿈은 제주도에 땅을 마련해 습지를 만들고 나무도 심고 바위도 갖다 놓아 새 서식지를 복원하는 것이다. 특히 팔색조, 긴꼬리딱새 등이 서식할 공간을 마련해 번식을 유도하고, 생태관찰원의 기반시설을 조성해 국내외 탐조인들이 찾는 명소로 가꾸고 싶다. 보호와 관광이라는 두 마리 토끼를 잡는 본보기가 될 것이다. 여기에 더해 방문객들이 기념할 수 있는 상품을 팔아 그 수익금을 다시 조류보호에 이용할 수 있는 시스템을 만들고 싶다.

학생들과 국내외 탐조인들이 찾는 조류생태관찰원을 만들고 싶다.

팔색조 둥지를 살피는 나.
오랫동안 연구해 온 팔색조를 주제로 박사 학위에 도전할 예정이다.

큰군함조. 떠나기 직전 하도리 해변에서..

오늘도 탐조일기 쓰는 부부

태풍 타고 왔다가 건강 회복해 돌아가다

미기록종 큰군함조와의 특별한 동거

구좌읍 하도리 철새도래지가 훤히 내다보이는 곳에 신혼살림을 차렸다. 동산 위에 있는 허름한 집 한 채를 빌려서 나름대로 내부수리를 하고 방 두 칸짜리 조촐한 보금자리를 마련했다. 3평 남짓한 작은 방은 우리 부부의 몫이었고 7평짜리 큰 방은 손님을 위해 항상 비워두었다. 신혼살림을 시작한 지 2년이 지난 2004년 8월, 아주 멀리서 손님이 찾아와 20일 가량 그 방을 차지하다 떠났다. 참으로 그 큰 방에 딱 어울리는 손님, 큰군함조였다.

신혼집 손님으로 찾아온 큰군함조가 집 앞 돌담에서 날갯짓 연습을 하고 있다.

태풍 메기가 지나간 뒤 구조된 새와 첫인사

'옛날에 금잔디 동산에 메기 같이 앉아서 놀던 곳.' '메기'라는 말을 들으면 물고기인 메기 다음으로 많이 떠올리는 가사일 듯하다. 하지만 나는 '메기'라는 말을 들으면 큰군함조가 생각이 난다. 큰군함조를 만나게 해준 태풍 이름이 '메기'였기 때문이다.

2004년 8월, 언제나처럼 여름이면 찾아오는 태풍이 찾아왔다. 태풍이 찾아오면 지나갈 때까지 긴장의 끈을 놓을 수가 없었다. 신혼살림으로 빌려서 나름 내부수리를 했지만 이전에 10년 넘게 사람이 살지 않았던 집이라 지붕이며 벽 그리고 입구 문이 낡을 대로 낡아 있었기 때문이다. 태풍 메기가 온다는 소식에 벽에 나무판자를 대어놓고, 지붕을 가로질러 밧줄로 단단히 묶어 놓고, 입구 문에도 판자를 세우고 큰 돌을 받쳐 바람에 날아가지 않게 단단히 대비를 했다. 밤새 세찬 비바람이 불었고 바람에 달그닥거리는 창문소리를 들으며 하룻밤을 무사히 보냈다.

태풍이 지나갔고 지붕이 날아가지 않은 것을 확인한 후에 나와 남편은 서둘러 차에 올라탔다. 태풍이 지나고 나면 버릇처럼 차를 타고 해안을 돌았다. 태풍을 타고 열대와 아열대 해양에서 지내는 새들이 오지 않았나 확인하기 위해서였다. 천천히 해안을 돌며 눈에 불을 켜고 희귀한 새를 찾았다. 그러나 아무런 소득 없이 반나절을 길 위에서 헤맸다. 밥도 제대로 먹지 못하고 아침 일찍 나온 터라 점심이 가까워지자 배에서 꼬르륵 소리가 날 정도였다. 일단 식당으로 들어가 밥을 먹기로 했다.

식사가 나오자 후다닥 밥을 먹고 다시 해안을 따라 새를 찾기 위한 여정을 시작했다. 그런데 정말 심심할 정도로 새가 없었다. 그때 남편에게 전화가 왔다. 한참 통화를 하고 나서 태풍에 탈진한 가마우지 신고가 들어왔는데 집에서 돌봐줘야 할 것 같다고 했다. 탈진한 녀석이면 얼른 먹이를 먹여야 한다는 생각에 새 보는 일은 잠시 접고 탈진한 가마우지가 있는 제주시로 차를 달렸다.

차를 달려 도착한 곳은 제주시내 동물병원이었다. 신고가 들어온 후 이미 구조가 되어 동물병원으로 이송된 모양이었다. 나와 남편은 구조된 새의 상태를 보기 위해 새장 앞으로 갔다. 그런데 가마우지라고 했던 말과는 달리 이상한 녀석이었다. 처음 보는 녀석이라고 해야 하나. 몸은 가마우지처럼 검은데 부리는 길고 분홍색이었으며 꼬리는 제비꼬리형이었다. 잡혀 있는 모습이라 얼른 정체가 떠오르지 않았다. 옆에서 동물병원 원장선생님이 이 녀석이 어디서 잡혀왔고 어떠한 조치를 취했는지 부지런히 설명하고 있는데 나와 남편은 정체가 궁금해서 뚫어져라 녀석만 쳐다보았다.

암컷 미성숙 큰군함조 살리기에 고군분투

일단 녀석이 많이 지친 것 같아 물을 먹이고 차에 실었다. 집에 가서 먹이를 먹이는 것이 좋을 듯 싶어서였다. 귀한 녀석처럼 보여서 꼭 살려야겠다는 생각이 들었다. 남편은 차를 몰고 나는 도감을 뒤적이며 비슷한 녀석이 있나 찾았다. 외형과 깃털색을 보았을 때 군함조라는 결론을 내렸다. 그런데 자꾸 크기에서 마음이 걸렸다. 군함조에 비해 크기가 너무 컸다. 군함조와 비슷한 새라는 결론만 낸 채 집에 들어왔다. 태풍을 타고 아열대 해양에서 떠밀려온 것이 확실했기 때문에 낮이면 몰라도 밤에는 밖에 두는 것이 추울 것 같아 큰 방으로 옮겼다. 새장을 방으로 들고 와서 문을 열고 녀석을 꺼냈다. 날개가 새장에 부딪쳐 상하면 나중에 회복되어도 날지 못할 것 같아서였다. 새장에서 나온 녀석은 날개를 쫙 펴고 날갯짓을 하는데 깜짝 놀랐다. 날개가 어찌나 큰지!

남편은 냉동실을 뒤지더니 얼려 두었던 조기 한 마리를 꺼내 몇 조각 낸 후 물에 담갔다. 이 녀석에게 줄 생각인 모양이었다. 조기가 해동되는 동안 남편과 나는 집에 있는 도감을 꺼내 파헤치기 시작했다. 그런데 녀석이 다 큰 성조가 아닌지 도감에는 비슷한 새가 없었다. 남편은 어딘가로 전화를 하더니만 큰군함조 같다고 했다. 아직 우리나라에는 기록이 없는 종으로, 암컷 미성숙새로 보인다는 것이다. 그러면 우리나라 미기록종이 지금 우리 방에 있는 거야? 기분이 날아갈 듯했다. 그리고 갑자기 살려야겠다는 굳은 의지가 샘솟았다.

하도리 집에서 함께 지내던 시절. 날개를 펼치면 2m가 넘었다.

널찍한 방을 혼자 차지해서인지 큰군함조는 틈날 때마다 날갯짓을 했다. 그런데 커다란 날개가 방바닥에 자꾸 닿자, 남편은 큰군함조를 새장 위에 올려놓았다. 그제야 큰군함조의 발가락이 보였다. 덩치는 산처럼 큰데 발가락은 정말로 보잘 것 없었다. 해양을 돌아다니며 먹이를 구하기 때문에 땅에 내려앉을 일이 없고 그래서 발가락이 작아진 모양이었다. 방바닥보다는 새장 위가 훨씬 편해보였지만 남편은 만족스럽지 않은지 밖으로 나가더니 긴 통나무 하나를 들고 와 방에 내려놓고는 큰군함조를 그 위에 올렸다. 큰군함조도 발가락으로 서 있기가 편해져서 고맙다는 표시인 양 날갯짓을 해댔다.

물에 담가둔 조기가 풀리자 큰군함조의 부리를 벌리고 강제로 넣었다. 사람에게 잡혀온 새들은 혼자서 먹이를 먹으려 들지 않기 때문에 어느 시점까지는 강제로 먹여야 하며 그렇지 않으면 죽는다는 것을 경험으로 알고 있었다. 처음에는 안간힘을 다해 부리를 벌리지 않으려고 버텼다. 그러나 조기를 먹어보더니만 생각이 바뀌었는지 처음보다는 순해졌다. 조기 한 마리를 다 먹인 후 휴식을 주기 위해 나와 남편은 밖으로 나왔다.

비린내 나는 동거생활로
건강 회복하고

냉동실에 있던 생선이 모두 떨어진 뒤로는 시장에서 사다가 먹이면서 큰군함조를 살리기 위해 고군분투했다. 그런데 변변한 밥벌이가 없던 그 당시 큰군함조 먹이를 대는 일은 정말 버거웠다. 큰군함조가 우리 집에 있다는 소식을 듣고 새에 관심을 가지고 같이 보러 다니는 지인이 찾아왔다. 인근에서 양식장을 하고 있던 그는 큰군함조의 먹이 얘기를 듣더니 사료용으로 이용하는 물고기가 있는데 싱싱하다면서 갖다가 먹이라고 했다. 20kg짜리 냉동 각재기전갱이의 제주도 사투리였다. 두 상자를 가지고 오니 열흘 정도 먹이 걱정이 없었다. 그런데 20kg 상자 속에 든 각재기를 넣어둘 공간이 없었다. 나와 남편은 톱, 망치, 칼을 잡고 작은 조각으로 썰고 한 마리씩 떼어내어 냉동실에 들어갈 크기로 나누어 봉지에 담았다. 이 작업도 만만치 않아 하루가 꼬박 걸렸다.

큰군함조가 회복되는지 날갯짓을 더욱 힘차게 해댔다. 이제는 혼자서 먹이를 먹을 수 있지 않을까 싶어 대야에 물을 담아 그 속에 각재기를 넣었다. 배가 고픈지 물속을 휘젓기는 하는데 먹지는 않았다. 별 수 없이 남편이 강제로 먹이기 위해 방으로 들어갔다. 여느 때처럼 억지로 부리를 벌리고 각재기 두 마리를 쑤셔 넣었다. 그리고는 밖으로 나와 이런 저런 일을 보고 새가 잘 있나 살피기 위해 방문을 열었다. 남편이 방문을 여는 순간 큰군함조가 왝왝거리면서 먹은 각재기를 뱉어냈다. 남편은 들어가 뱉어낸 각재기를 강제로 다시 먹였다. 그리고 나와서 다시 일을 하다가 새를 살피려고 방문을 여는 순간 다시 뱉어냈다. 남편은 다시 먹였다.

혹시나 해서 이번에는 내가 문을 열었다. 큰군함조는 아무런 반응 없이 나를 쳐다보더니 날갯짓을 하고 깃다듬기를 했다. 그러다가 남편이 다시 방 안을 쳐다보자 왝왝거리며 뱉어낼 듯한 몸짓을 했다. 큰군함조는 남편이 억지로 먹이를 먹이는 것에 반항하고 있었던 것이다. 남편은 누구 덕에 지금 살고 있는지도 모르는 괘씸한 녀석이라고 투덜댔다. 그 이후 남편은 먹이를 먹인 후 방문을 여는 일이 없었고, 잘 지내고 있는지 살피는 것은 내 담당이 되었다.

비린내 나는 동거가 끝나갈 때가 되었는지 큰군함조는 하루 대부분의 시간을 날갯짓하면서 보냈다. 큰군함조의 하얗던 목은 각재기 기름으로 갈색빛을 띠었다. 얻어온 각재기도 다 먹이고 여름도 다 가고 있어 더 이상 자연으로 돌려보내는 일을 늦출 수가 없었다. 집에 데리고 와서 먹이를 먹인 지 20여 일이 지난 화창한 어느 날, 큰군함조를 데리고 하도리해수욕장으로 갔다. 넓은 모래사장이 펼쳐져 있어 혹시 못 난다 해도 잡아올 수 있도록 선택한 장소였다.

큰군함조를 안고 모래사장으로 내려가 살며시 내려놓았다. 주변을 쳐다보더니 날갯짓을 했고, 날아오르는 듯하더니 1m도 못 가서 꼬꾸라졌다. 다시 안으려고 하는데 갑자기 부리를 벌려 내 옷을 물고는 놓지 않았다. 우리를 떠나기가 섭섭했던 모양이다. 부리를 억지로 떼어내서 다시 경사가 약간 있는 언덕배기에 내려놓자 날갯짓을 했고 그때 마침 맞바람이 불었다. 큰군함조는 맞바람에 몸을 맡기고 공중으로 뜨더니

©강희만

1 떠나기 직전 하도리 해변 갯바위에 앉아 있는 큰군함조
2 날아오르다 실패해 모래사장에 떨어져 바동거리기도 했다.

힘찬 날갯짓을 했다. 차츰 땅에서 멀어졌고 나와 남편에게 고맙다는 인사라도 하듯 우리 머리 위를 한 바퀴 돌더니 이내 바다로 사라졌다. 나와 남편은 다시 놀러오라고 외치며 손을 흔들었다.

1
©강희만

1 맞바람을 맞으며 땅 위로 떠올랐다
2 먼 바다로 떠나는 큰군함조

바다에서 먹고 논에서 쉬고, 맹금류랑 친구도 되다

계절이 바뀌어도 제주도를 떠나지 않던 황새

어느 날, 새를 전혀 모르는 후배가 전화해 황새를 눈앞에서 봤다며 호들갑을 떨었다. 생김새며 크기를 본 대로 주절주절 풀어놓는다. 이런 경우 십중팔구는 백로 아니면 왜가리다. 보통 사람들은 이런 식으로 황새를 처음 접한다. 나도 그랬다.

2000년 새를 보러 다니던 초창기에 도감 하나 달랑 들고 길을 나섰다. 목적지는 철새도래지로 알려진 구좌읍 하도리. 찌는 듯한 무더위가 막 시작된 7월이라 흘러내리는 땀을 손으로 훔치며 두려움 반 설렘 반으로 하도리행 시외버스에 몸을 맡겼다. 속도를 내는 버스 안에서 새를

황새가 바닷가에서 왜가리와 함께 있는 모습이 독특하다.

보겠다고 창밖을 응시하고 있는데, 해안가를 지날 때 커다란 새 한 마리가 날아갔다. 순식간에 지나쳐서 어렴풋한 잔영만 머리에 맴돌았다. 커다란 몸집에 길고 굵은 붉은색 다리. 무슨 새일까? 도감을 뒤지다가 황새에 눈이 꽂혔다. 설마 황새였을까? 도감을 한참 살피다가 황새로 결론 내렸다.

그런데 이상하지 않은가? 논이나 습지에서 주로 관찰되는 황새가 왜 바닷가에 있지? 영 어색한 장면이다. 다시 황새가 아닐 수도 있다는 생각이 들었다. 그러면 무슨 새란 말인가. 지금 생각하면 웃음밖에 나오지 않지만 그때는 정말로 심각했다. 나중에 안 사실이지만 그때 내가 본 새는 왜가리였고, 번식기가 되어서 다리가 붉게 변했던 개체였다.

바닷가에서 넙치 잡아먹고
논에서 휴식

하지만 내가 진짜 황새를 만난 것도 바닷가에서다. 용수저수지 인근을 돌아다니다가 황새가 날아가는 모습을 보고 뒤쫓았다. 저수지나 가까운 논으로 갈 것이라 생각하고 차를 돌리는데 황새는 반대 방향으로 날았다. 부랴부랴 갈 만한 장소를 찾아 두모리 논들을 뒤지고 가끔 흰귀 철새들이 날아드는 저수지까지 샅샅이 뒤졌지만 보이지 않았다. 날아서 바다를 건넜나 싶어 포기하고 근처 금등리 바닷가에서 갈매기나 보려고 찾아갔는데 웬걸, 황새가 바닷가 조간대에서 깃을 다듬고 있는 것 아닌가. 그것도 아주 여유롭고 평화롭게, 자기 안방인 양 하고서 말이다.

황새는 깃다듬기를 마친 뒤 어슬렁어슬렁 걸어가더니 크고 두툼한 부리로 물을 휙 쳤다. 그와 동시에 부리에 넙치 새끼 한 마리가 잡혀 올라와 빠져나가려고 파닥거린다. 황새가 장난삼아 사냥 연습을 하는 것이겠거니 생각하는 순간 '꿀꺽' 하고 그것을 삼켰다. 황새는 양식장에서 탈출한 새끼 넙치들을 잘도 주워 먹었다.

황새가 한경면 금등리 바닷가에서 먹이를 찾고 있다.

찔레꽃이 핀 봄에 용수리 습지에 나타난 황새.

우리나라를 찾는 황새는 주로 논에서 생활하며 먹이를 찾고 그것은 제주도에서도 마찬가지였다. 그래서 바닷가에서 먹이를 찾는 녀석이 참 특이해 보였다. 정말로 이상한 황새라고 생각하고 있는데, 어디서 소식을 들었는지 신문기자들이 모여들었다. 황새는 사람들 시선도 아랑곳 않고 만찬을 즐기다가 양식장으로 들어오는 차의 경적 소리에 귀찮은 듯 날아서 떠나 버렸다.

바닷가에서 실컷 보긴 했어도 아쉬움이 남아 다시 뒤를 좇았다. 이번에는 예상대로 용수저수지 인근 논으로 날아갔고 논 주변에 있는 소나무 꼭대기에 앉는다. 사람 접근이 어렵다는 걸 알고 앉았는지 한동안 깃을 다듬더니 머리를 꼬아 등에 묻고는 잠이 들었다. 더 접근해서 사진을 찍을 수도 있었지만 방해하기 싫어서 그냥 물러났다. 앞으로 황새를 다시 보지 못한다고 해도 여한이 없을 만큼 실컷 본 날이었다.

소나무 위에 위풍당당하게 앉아 있다.

1주일이 지나 다시 용수저수지를 찾았다. 사람도 새도 없는 아주 조용한 분위기에서 뭔가 나타나기만을 학수고대하고 있는데, 황새가 나타났다. 깜짝 놀라 "황새다!" 하고 소리를 지르려다 멈칫 했다. '지난주에 봤지….' 이번에는 수확이 다 끝난 논에서 미꾸라지를 잡아먹는지 부리를 계속 땅에 콕콕 찌르고 있다. '그렇지, 너는 여기 논에 있는 게 정상이지.' 그런데 갑자기 날아오르더니 다시 금등리 바닷가로 향했다. 아마도 논에서의 먹이사냥이 시원치 않았던 모양이다. 차를 돌려 바닷가로 가니 황새는 이미 넙치 한 마리를 부리에 물고 있다. 이 녀석의 주먹이터는 바닷가이고, 논은 놀이터이자 휴식터인 셈이다. 그 해 겨울, 황새는 그렇게 바닷가와 논을 오가며 지내는 '흔한 놈'이 되어 있었다.

제주도 동서부를 오가며 2년간 생활해

봄이 찾아왔다. 농경지에 사람들의 온기가 채워지면 철새들은 하나둘 시원한 북쪽으로 떠나기 시작한다. 겨우내 발바닥이 닳도록 드나들던 용수저수지나 금등리 바닷가는 간간히 들르는 곳이 되었다. 새들이 떠나고 농사 준비로 바쁜 농부들과 경운기 소리로 시끄러운 들녘을 대충 둘러보고 떠나려는데 하늘에 덩치 큰 새 한 마리가 날아오더니 몇 년째 농사를 짓지 않아 버려진 습지에 내려앉았다. '아, 황새구나' 하며 그냥 지나쳤다. 도요물떼새를 보기 위해 들른 금등리 바닷가에도 황새가 있었다. 또 지나쳤다.

아름다운 황새가 우아한 걸음걸이로 모래 해변을 걷고 있다.

그렇게 봄이 가고 여름이 찾아왔다. 여름에 용수저수지나 인근 농경지는 정말로 썰렁하다. 논이 있지만 규모가 작아 뜸부기나 호사도요 등 논에서 번식하는 새들이 오는 것도 아니고, 고작 까치 몇 마리, 비추직박구리의 제주도 방언 몇 마리가 날아다닐 뿐이다. 간혹 물꿩이 나타나 기대를 갖고 와 보긴 하지만, 이 날도 허탕이었다. 그런데 또 하늘에 덩치 큰 새가 날아올랐다. 황새다. 금등리 바닷가로 가는 모양이다. 가나 보다 생각하고 또 지나쳤다.

가을이 찾아왔다. 용수에도 금등에도 황새가 보이지 않는다. '이제 정말 갔나 보다' 생각했다. 그런데 웬걸, 성산포에서, 하도리에서, 심지어 송당에서도 황새 소식이 들려왔다. 제주도 동부로 마실을 간 모양이다. 황새는 한동안 동부에 머물더니 겨울이 되자 다시 서부로 돌아왔다.

1년 넘게 제주도에서 버티며 살고 있는 황새에게 연구자들이 관심을 갖기 시작했다. 황새복원연구팀에서 복원한 황새를 용수리에 방사해 야생에 적응할 수 있는지 파악하고, 더 나아가 용수리 황새와 짝지어 주려는 계획을 세웠다. 그러나 인연이 아니었는지 계획은 성과 없이 끝났고, 용수리 황새는 쑥스러운지 제주도를 떠나서 다시 나타나지 않았다.

수백 마리 맹금류와 함께 돌아오다

2년 넘게 용수리, 금등리, 성산포 등을 종횡무진 쏘다니며 잘 지내

황새는 여름 번식기에 들어서면 눈 앞쪽이 붉게 변한다.

던 황새가 사라진 데는 다른 이유가 있었다. 바로 '친환경 직강공사'였다. 집중호우에 대비해 작은 하천이든 큰 하천이든 곧게 만드는 공사가 있다. 용수리는 그럴 만한 하천도 없는데 웬 직강공사가 이루어졌을까? 용수리는 제주도에서 논농사가 되는 몇 안 되는 지역 중 하나다. 그런데 최근 들어 논이 복토되어 밭이 되었고 일부는 버려진 습지가 되었다. 농경지 관리가 되지 않자 여름에 비가 많이 내리면 밭으로 물이 넘쳐 농작물이 피해를 입었다. 물 때문에 피해를 입는데 가만 있을 농민이 어디 있겠는가. 논을 가로질러 배수로 공사를 했는데 소하천 직강공사 형태였다. 주변이 공사로 시끄럽고 황새가 쉬던 자리를 가로질러

두모리에서 황새를 찾다가 황새는 보지 못하고 황소를 사진에 담았다.
황새와 황소의 '황'은 '누렇다'는 뜻이 아니고 '크다'는 뜻이다.

공사 중인 용수리의 논과 밭.

배수로가 뚫렸다. 그 후로 황새가 떠났다.

2010년 10월 17일. 제주도에 황새가 다시 나타났다는 소식이 들렸다. 서부에 있는 대정읍에서 날아가는 모습이 촬영된 것이다. 이번에는 맹금류들과 같이 나타났다. 가을철 맹금류 이동을 조사하던 중 수백 마리의 왕새매, 수십 마리의 말똥가리 그리고 비둘기조롱이 사이에 황새 한 마리가 맹금류인 양 섞여 있는 모습을 포착했다. 황새는 대정읍 무릉리 논과 인근 습지에서 한 달 넘게 지내다 떠났다. 제주도에 찾아오는 황새는 재미있는 면들이 상당히 많다.

대정읍 무릉리 습지에 머물던 황새.

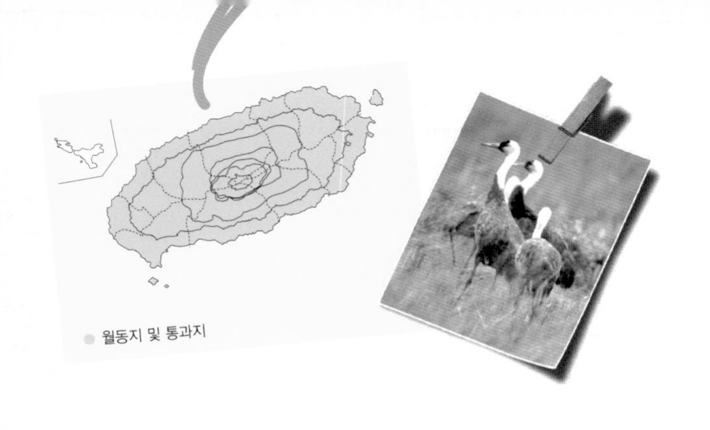

소규모로 며칠씩 머물다 가는 무리도 있어

제주도, 흑두루미 이동경로로 밝혀지다

꾸르륵, 꾸르륵. 아닌 밤중에 홍두깨도 아니고 이 무슨 소리인고. 그것도 새벽녘에 말이다. 2007년 3월 19일. 밖에는 봄을 알리는 비가 부슬부슬 소리 없이 내리는데 먼 남녘 하늘은 배가 고픈지 연신 울어댔다. 깊은 잠에서 깨어나지 못하고 비몽사몽 눈을 게슴츠레 뜨고 있는데 옆에서 남편이 허둥대며 호들갑을 떨었다. “이 소리 들려?” 흑두루미 무리가 제주도를 지나고 있는 것 같은데, 지금 날씨가 좋지 않으니 집 근처 어딘가에 내려앉을지도 모르므로 빨리 쫓아가야 한다고 재촉했다. 흑두루미라는 말에 눈이 번쩍 뜨였다. 정신을 차리고 보니 멀리서 어렴풋이 귓가에 맴도는 소리가 들렸다. 그 소리는 분명히 두루미 종류가 내는 소리였다.

2008년 3월 21일부터 22일 사이 대규모로 제주도에 나타난 흑두루미들.
이틀 동안 총 3천330마리가 제주도를 지나갔다.

하늘에서 들리는 소리만으로 추격전 벌여

아직 해가 뜨려면 멀었지만 구름 낀 하늘 사이로 아침이 열리고 있었다. 그러나 여전히 어두웠다. 하늘을 향해 쌍안경을 들이댔으나 어두우니 보일 리가 없다. 소리에 의지해 이 녀석들의 위치를 파악해야 했다. 쌍안경을 주머니에 쑤셔 넣고 귀를 쫑긋 세웠다. 잠시 후 소리가 점점 가까이 들리더니 바로 머리 위에서 날고 있는 것처럼 생생했다. 흑두루미가 머리 위에 있다는 것을 직감하고 다시 쌍안경을 들었다. 여전히 보이지 않았다. 높이 떠 있는 모양이다. 소리는 점점 멀어져 갔고, 우리는 어느 방향으로 향하는지 대충 짐작만 하고서 차에 올랐다. 흑두루미들이 근처 넓은 공터에 내려앉을 것이라는 확신이 들었다. 새들이 상승기류를 타기에는 적합하지 않은 날씨였기 때문이다.

일단 넓은 공터가 어디에 있을지 곰곰이 생각했는데 축구경기장이 가장 먼저 머리에 떠올랐다. 전지훈련 기간이 끝나 아무도 없는 축구장은 흑두루미들이 잠시 휴식하기에 좋은 곳이라는 생각이 들었다. 차를 몰아 축구경기장으로 가보았지만 허탕이었다. 조명이 훤히 켜져 있었고, 주변 주차장에 자동차들이 뜨문뜨문 들락거려서 흑두루미들이 내려앉기에 적합지 않았다. 그렇다면 중산간 목장은 어떨까? 초봄이라 아직 소를 방목하지 않았을 테고 사람 출입은 더욱 없을 테니 그보다 좋은 장소는 없어 보였다. 차를 돌려 미악산 근처의 서귀포 시내와 목장지대를 한눈에 조망할 수 있는 전망대로 향했다.

예상은 적중했다. 전망대에 다다르기도 전에 흑두루미 무리를 발견한 것이다. 50여 마리 정도로 보이는 흑두루미들이 줄지어 서쪽으로 날아가고 있었다. 증거확보 차원에서 먼 거리였지만 카메라를 눌러댔다. 흥분해서인지 카메라 셔터를 누르는 손가락이 살짝 떨렸다. 증거를 확보한 뒤 흑두루미 출현을 반가워할 만한 지인들에게 전화로 연락했다. 어느새 해가 하늘 위로 봉긋이 떠올라 세상을 환하게 비추고 있었다.

서쪽으로 향한 흑두루미 무리를 쫓아 차를 몰았다. 흑두루미들은 시야에서 사라졌다가 나타나기를 반복하며 계속 어딘가를 향해 날아갔다. 혹시 다른 무리의 흑두루미들이 있지 않을까 싶어 쫓아가는 중간에 중문해수욕장, 화순해수욕장, 중산간 목장, 농경지 등을 들렀다. 흑두루미의 흔적은 없었지만 계속 쫓다보니 대충 어디로 향하고 있을지 파악이 되었다. 지인들에게 전화를 걸어 한경면 용수리로 모이라고 연락한 후 용수리로 향했다.

아니나 다를까, 아직 새싹이 돋지 않아 황량한 들녘에 흑두루미 200여 마리가 상공을 빙빙 돌면서 내려앉으려고 시도하고 있었다. 그런데 갑자기 스쿠터 한 대가 굉음을 내며 나타나는 바람에 흑두루미들은 내려앉지 못하고 다시 하늘로 날아 올랐다. 끝났나 싶던 우리의 추격전은 다시 시작되었다. 뿔뿔이 흩어져 흑두루미를 찾기 시작했다.

2007년 3월 19일. 제주시 한경면의 한 마늘밭에 내려앉아 쉬다 떠난 흑두루미 무리.
총 232마리였다.

다행히 흑두루미들은 제주시 한경면 고산리 마늘밭에 내려앉았다. 도로와 바로 붙어 있는 밭이라 차가 지나갈 때마다 다시 날지 않을까 불안했으나 흑두루미 무리는 마늘밭에 한 번 내려앉자 도로를 지나는 자동차에 별로 신경을 쓰지 않았다. 아마 힘들게 바다를 건너와서 신경 쓸 여력이 없었나 보다. 흑두루미들을 방해하지 않기 위해 멀찌감치 자동차를 세우고 관찰했다. 침묵 속에 찰칵거리는 카메라 셔터 소리만 울렸다.

거리가 멀어 더 가까이 가고 싶은 마음은 굴뚝 같았지만 새를 관찰하는 예의는 지킬 줄 아는 사람들이라 아쉽지만 거기서 만족했다. 내려앉은 지 한 시간 가량 지나자 도로에 차가 제법 많아졌고 날씨도 차츰 좋아졌다. 흑두루미들은 이제 떠야 할 시간이라고 느꼈는지 서로 꾸르륵거리는 소리를 내다가 한두 마리가 먼저 날아오르더니 이어서 나머지 무리가 일제히 떠올랐다. 그리고는 점점 하늘 높이 올라가 상승기류를 타고 유유히 사라졌다. 그때 내려앉은 흑두루미는 총 232마리였다.

일본에서 겨울을 난 흑두루미의 대규모 이동

허름한 과수원의 관리사에서 생활하면서 가장 아쉬운 것은 목욕이다. 화장실에 변기 하나와 샤워기 하나가 전부이기 때문이다. 따뜻한 물을 받아 몸을 담그면 하루의 피로가 싹 가실 것 같은데 그럴 수 없

2008년 4월 중순에 관찰된 흑두루미.

다. 욕조에 몸을 담글 수 없으니 때를 미는 것도 쉬운 일이 아니다. 그래서 한 달에 한 번 주말을 이용해 새도 보고 때도 밀 겸 여관을 이용하면 어떨까 생각했다. 이렇게 하면 다음 날 새를 보러 다시 차를 몰고 가는 수고도 덜 수 있어 더욱 좋을 거라고 생각했다.

드디어 주말이 돌아왔다. 새를 보는 즐거움도 즐거움이지만 여관 욕조에 따뜻한 물을 받아 놓고 때를 불릴 것을 생각하니 저절로 콧노래가 나왔다. 집을 떠나 해안을 따라 여유롭게 새를 관찰하면서 목적지인 철새도래지로 향하고 있었다.

서귀포에서 출발해 남원읍을 지나가고 있을 때 불현듯 때수건 생각이 났다. 때를 밀려면 때수건은 필수 아이템. 일반 사각 때수건은 밀다 보면 자꾸 벗겨져서 불편하므로 손가락이 들어가는 장갑처럼 생긴 때수건을 사야겠다고 생각하고 남원에 있는 어느 마트에 들렀다. 마트에서 때수건을 집어 들고 여기저기 기웃거리는데 무슨 급한 일이라도 있다는 듯 남편이 밖에서 얼른 나오라고 손짓했다.

시큰둥한 표정을 지으며 밖으로 나오니, 남편이 대뜸 두루미들 소리가 들린다고 했다. 흑두루미들이 지나갈 시기이긴 하지만 여기는 남원이 아닌가. 지금까지 남원에서 흑두루미를 본 적이 없었기에 잘못 들었을 거라고 말하자 남편은 절대 아니라고 자신한다. 그리고서 소리가 들리는 해안 쪽으로 차를 몰았다.

한참 가다보니 소리가 들렸고 이내 모습도 드러냈다. 450여 마리

돌담과 유채꽃을 배경으로 서 있는 흑두루미.

로 보이는 흑두루미 무리가 바다를 건너 한라산 방향으로 날아가고 있었다. 정말 어이 없는 장면이라고 생각하면서 흑두루미 무리를 쫓았다. 흑두루미 무리는 남원에서 한남리 중산간을 거쳐 한라산 기슭을 날아서 북쪽으로 계속 이동했다. 그리고 처음 발견한 무리 이외에도 또 다른 무리가 포착되었다. 보통 200~300마리가 무리지어서 날고 있었다.

이건 비상사태였다. 그래서 비상연락망을 가동해 지인들에게 얼른 주변을 살피고 흑두루미가 이동하는 모습이 보이는지 확인해 보라고 했다. 아니나 다를까. 여기저기서 흑두루미 소식이 들어왔다. 남원에 400여 마리, 250여 마리, 70여 마리, 고산 차귀도에 250여 마리, 사라봉에 200여 마리, 조천읍 상공에 330여 마리, 가파도 상공에 1천300여 마리가 관찰된다고 했다. 거의 3천 마리에 가까웠다.

흑두루미를 쫓다 보니 해는 뉘엿뉘엿 서쪽으로 지고 하늘은 아름다운 노을로 물들었다. 어두워지면 분명 흑두루미들이 땅에 내려앉을 거라 생각하고 한 무리를 뒤쫓았다. 해는 완전히 졌고, 흑두루미 무리가 마지막으로 관찰된 곳을 뒤지다 조천읍 바닷가에 내려앉은 흑두루미들을 발견했다. 마침 보름이라 달이 휘영청 밝았다. 달빛, 가로등 불빛 그리고 가정집에서 흘러나오는 불빛이 어우러져 흑두루미들을 비추고 있었다. 달밤에 바닷가에서 쉬고 있는 흑두루미라. 정말 멋진 장면이었다. 시간 가는 것도 잊은 채 흑두루미들을 관찰했다. 그런데 밀물이 들어오자 흑두루미들이 하나둘 뜨기 시작했다. 바닷가에 물이 차오르자

제주시 조천읍 해안가에 내려앉은 흑두루미들.

흑두루미들은 모두 자취를 감추었다.

다음날 400여 마리가 더 발견되어 2008년 3월 21일과 22일 이틀 동안 제주도에서 관찰된 흑두루미는 총 3천330마리였다. 제주도에서 흑두루미가 관찰되기 전날 세계 최대 두루미 월동지인 일본 이즈미에서 4천여 마리의 흑두루미가 떴다는 소식이 들려왔다.

날개 다친 어린 새는 보리밭에서 한 달 휴양

흑두루미는 상승기류를 타고 아주 높은 고도로 이동하기 때문에 이동경로 상에 있어도 관찰하기가 쉽지 않다. 그동안 제주도에서 종종 봄철에 이동하는 흑두루미 무리가 관찰되었지만 그 수가 적어 이동 중 무리에서 이탈했거나 길을 잃은 개체들로 여겨졌다. 그러나 2008년 봄에 대규모로 이동하는 흑두루미가 관찰되면서 제주도가 흑두루미의 이동경로 상에 있다는 사실이 처음 공식적으로 확인되었다.

제주도에서는 종종 겨울에 잠시 머물다 떠나는 흑두루미들도 보인다. 2004년 12월에 한경면 용수리 논에 흑두루미 5마리가 일주일 정도 머물다 떠난 적이 있는데, 논 규모가 컸다면 아마도 월동했을 것이다. 밤중에 제주시 구좌읍 종달리 해안에 5마리가 내려앉았다 떠났던 일도 있다.

6월, 여름이 시작되는 초입에 어린 흑두루미 한 마리가

2008년 3월 중순에 관찰된 흑두루미.
제주도에서 흑두루미는 주로 봄철 이동기에 관찰된다.

2004년 12월, 제주시 한경면 용수리에서 일주일 정도 지내다 떠난 흑두루미는
논 규모가 컸다면 떠나지 않고 월동했을지도 모른다.

종달리 보리밭에 내려앉은 적이 있다. 보리 수확이 끝난 밭이라 낟알이 떨어져 있는지 사람들 출입에도 크게 신경 쓰지 않고 주워 먹었다. 밭 주인 아저씨가 다음 농사를 위해 밭을 갈려고 트랙터를 몰고 왔다. 흑두루미를 위해 며칠만 기다려 달라고 부탁하자 마음씨 좋은 아저씨는 그러마고 그냥 돌아갔다. 오른쪽 날개를 약간 다쳤는지 살짝 위로 들려져 있었지만 나는 데는 문제가 없는 듯했다. 이 흑두루미는 종달리와 하도리를 오가며 한 달을 지내다 떠났다.

1 초여름인 6월에 제주시 구좌읍 종달리를 찾아왔던 어린 흑두루미.
2 트랙터를 몰고 밭을 갈러 왔던 농부는 흑두루미를 위해 그냥 돌아갔다.

제주도 탐조의 백미

봄철 마라도를 지나는 희귀한 새들

새를 좋아하는 사람들에게 낙원과 같은 제주도에서도 마라도는 아주 특별한 섬이다. 제주도에서 뱃길로 30분 거리에 있는 작은 섬인 마라도는 바다를 건너 이동하는 철새들이 지친 몸을 잠시 쉬어가는 중간 기착지로 유명하다. 마라도에서 관찰되는 새들은 작고 앙증맞은 산새들이 많아 보는 사람의 눈이 즐겁다. 또 종종 아주 희귀한 새들을 보는 행운도 누릴 수 있어 마라도의 매력에 푹 빠진 탐조인들이 많다.

마라도 해안. 멀리 한라산이 보인다.

우리나라에서 처음 갈색얼가니새 촬영해

지난 2006년 4월 중순의 일이다. 우리나라 젊은 새 연구자들 가운데 가장 현장 경험이 많고 해박한 지식을 가지고 있는 국립환경과학원의 박진영 박사가 제주도를 찾았다. 그와 함께 다니면 배우는 것이 많아 함께 탐조 다니고 싶은 사람 일순위로 꼽히는 인물이다. 그런데 해박함 말고도 그와 함께 탐조하고 싶은 이유가 또 하나 있다. 당시 탐조인들 사이에는 박진영 박사와 함께 새를 보러 다니면 평소에 보지 못한 귀한 새를 보게 된다는 미신 같은 풍문이 떠돌았기 때문이다. 그래서 그와의 탐조 일정에 한층 더 기대가 컸으나, 바람과는 달리 제주도에서의 탐조는 별다른 성과가 없었다.

탐조 일정의 막바지, 갑자기 박진영 박사가 마라도에 가보자고 제안했다. 희귀새를 볼 수 있을까 싶던 기대감이 조금씩 실망으로 바뀌고 있던 참이라 별 기대 없이 마라도로 향했다. 4월은 이동하는 철새들을 관찰하기에는 아직 이른 시기라 마라도는 썰렁했다. '이 썰렁한 곳에서 무얼 본다는 말인가' 생각하면서 집으로 돌아가려고 선착장을 향해 걸어가고 있는데 뒤에서 박진영 박사가 손짓을 한다. 바다를 보라는 것이다. 고개를 돌려 바다를 쳐다봤는데 민물가마우지 한 마리가 날아가고 있었다. 민물가마우지가 보인다고 소리치자 계속 손짓을 한다. 다시 집중해서 날아가는 바닷새를 쳐다보았다. 아차! 얼핏 봐서는 민물가마우지인데 세상에 '갈색얼가니새'가 아닌가.

얼른 카메라를 들고 찍기 시작했다. 그러나 몇 컷 찍기도 전에 새는 저만치 날아가 버렸다. 섬 주변을 돌면서 먹이를 찾고 있는 것 같아 더 돌아보고 싶었지만 마지막 배가 출발하는 시간이 다 되고 말았다. 박진영 박사도 서울로 올라가야 해서 눈물을 머금고 마라도를 나와야 했다.

갈색얼가니새. 사다새목 얼가니과의 해양성 조류로 태평양과 인도양, 대서양의 따뜻한 바다에 산다. 가거도와 남해안 홍도에서 몇 차례 관찰된 적 있으나 우리나라에서 사진 촬영에 성공한 것은 2006년 4월 18일 마라도에서가 처음이다.

우리나라에서 처음 갈색얼가니새 사진을 찍었다는 데 만족하며 아쉬움을 달랬다. 박진영 박사와 함께 새를 보러 가면 대박 난다는 미신이 믿음으로 바뀌는 하루였다.

멸종위기종 뿔쇠오리 살생사건

잔디밭 여기저기 널려 있는 사체들. 도대체 마라도에서 무슨 일이 일어난 것일까? 햇살이 따사로운 5월 어느 날이었다. 동남아시아 인근에서 번식하기 위해 이동하던 중 바다를 건너오다 지친 새들이 처음 맞닥뜨리는 섬이 마라도라 5월은 다양한 새들로 북적였다. 잔디밭, 소나무숲, 해안가, 돌무더기, 집주변 등 좀 과장되게 표현하면 새들로 인해 발 디딜 틈이 없을 정도다. 어디서부터 새를 봐야 하나 즐거운 고민에 빠져 잔디밭을 걷고 있었다. 평소에 깃털에도 관심이 많은 터라 떨어진 깃털이 없나 땅을 유심히 살피고 있는데, 잔디밭 한가운데 깃털이 보였다. 주우려고 얼른 달려가 보니 몸통은 없고 날개 한쪽만 널브러져 있었다.

날개 한쪽만 가지고는 무슨 종인지 정확히 구분하기가 어려웠지만 대충 보기에는 바다쇠오리처럼 보였다. 아마도 겨울에 인근 바다에서 월동하다 매에게 습격당한 듯했다. 약간 오래되었는지 빛이 바래 있어 주울까 말까 고민하다 일단 챙겼다. 그리고 다시 잔디밭을 가로질러 걸

뿔쇠오리와 비슷하게 생긴 바다쇠오리.

어가고 있는데 이번에는 바람이 불 때마다 주변으로 날릴 정도로 깃털이 수북이 쌓여 있는 것이 보였다. 날개와 다리, 그리고 몸통에 붙어 있던 깃털이었는데 역시 바다쇠오리처럼 보였다. '또 바다쇠오리가 잡아먹혔군.' 깃털이 깨끗한 것으로 보아 잡아먹힌 지 얼마 안 된 모양이었다.

깨끗한 깃털을 몇 개 챙겨서 발길을 옮기는데 얼마 가지 않아 새의 머리가 보였다. 무슨 새인지 정확히 구분할 수 있겠다는 반가움에 부리를 잡고 얼른 집어 들었다. 형태는 바다쇠오리인데 부리가 청회색을 띠었다. 눈 뒤쪽으로 뻗히다 만 하얀 깃털이 보였다. 도감을 찾아보니 뿔쇠오리였다. 바다쇠오리라고 생각했던 사체가 뿔쇠오리였다니. 전남 구굴도에서 번식했을 뿔쇠오리가 마라도까지 와서 사체가 되어 널브러져 있으니 놀랄 따름이었다. 탐조하러 온 목적도 잊은 채 혹시 다른 곳에 사체가 더 있나 찾아다녔다. 아니나 다를까. 잔디밭 여기저기에 뜯어 먹힌 사체들이 숨어 있었다.

'도대체 이게 몇 마리야.' 잡아먹힌 뿔쇠오리 수에 놀라지 않을 수 없었다. 뿔쇠오리는 천연기념물이면서 멸종위기야생동물 II급으로 지정되어 보호받고 있지만 자연의 먹이사슬 앞에서는 어쩔 수 없는 약자인 듯했다. 누가 뿔쇠오리를 잡아먹었을까? 곰곰이 생각에 잠겨 있는데 절벽에서 매 한 마리가 날아올랐다. 저 녀석일까? 매를 쳐다보며 매의 습성을 떠올렸다. 빠른 속도로 비행해 날아가는 새를 날카로운 발톱

마라도 앞바다에서 헤엄치고 있는 뿔쇠오리.

으로 쳐서 죽인다. 뿔쇠오리는 바다 위를 헤엄치며 산다. 먹이관계가 성립될 것 같지 않은 시나리오였다.

그러다가 매의 먹이 저장소를 떠올렸다. '그래 확인해보자.' 매는 새끼를 키우는 시기에 먹이 부족을 대비해 사냥한 먹이를 둥지 부근에 숨겨 저장해 두는 습성이 있다. 매의 먹이 저장소를 살펴보니 뿔쇠오리의 머리가 곱게 놓여 있었다. 뿔쇠오리는 봄철에 다른 이동철새와 마찬가지로 매 새끼들의 주요 먹이였던 것이었다.

뿔쇠오리의 번식기는 3~4월이고, 5월이면 번식을 마친 어미와 새끼들이 바다를 돌아다니며 한창 먹이를 찾을 시기라는 사실을 나중에 알게 되었다. 비행에 서툰 새끼나 새끼를 데리고 있는 어미가 매 같은 천적이 나타나도 쉽게 달아날 수 없어 잡아먹힌 것 같았다. 뿔쇠오리는 우리나라와 일본, 사할린 등에서만 서식하는 동아시아 특산종으로 매보다 멸종 가능성이 더 높기 때문에 매를 확 잡아버리면 속 시원할 것 같았다. 그러나 자연의 법칙인 걸 어찌 할까.

뿔쇠오리가 마라도에 나타난다는 사실을 사체를 통해 알고 나서 송악산에서 마라도로 배를 타고 이동하는 30분 동안 한눈 팔 새 없이 바다만 뚫어져라 쳐다보았다. 모르고 배를 탔을 때는 보이지 않던 녀석들이 알고 난 후에는 보이기 시작했다. 보통 3~4마리가 작은 무리를 지어 활동하는 모습을 관찰했으며 한 번에 10마리까지도 보았다. 전남 구굴도와 칠발도 등 번식지에 가야만 볼 수 있던 뿔쇠오리가 마라도 해

매에게 먹힌 뿔쇠오리. 뿔쇠오리는 바다쇠오리와 비슷하나,
부리는 청회색이고 머리 뒤로 검은 뿔깃이 나 있다.

상에 보인다는 정보가 퍼지면서 뿔쇠오리를 보려고 마라도를 찾는 사람도 생겼다.

국내 첫 관찰 기록, 푸른날개팔색조

제주도에서 팔색조를 연구한 지 8년이 되어가던 지난 2009년. 언제나 그렇듯 봄이면 새로운 팔색조과의 새가 제주도를 찾지 않을까 내심 기다리게 된다. 보통 팔색조과 새들은 동남아시아에 살기 때문에 우리나라에 나타날 확률이 아주 낮다. 하지만 하늘이 감동해 한 종쯤 보내줄 때가 되었다고 생각하고 있었다. 5월, 철새들의 이동이 막바지로 접어들고 있었지만 제주도에서는 여전히 다양한 종류의 새들이 관찰되었다.

새들의 이동 생태를 연구하기 위해 마라도에서 2009년의 마지막 가락지 부착작업을 수행하고 있을 때였다. 보통 봄철 마라도 가락지 부착작업에는 (사)제주야생동물연구센터 회원들이 많이 참여하는데 그날은 나와 남편 달랑 둘뿐이었다. 소나무숲 사이에 새를 생포할 때 사용하는 4단 안개그물을 쳐 놓고 근처에 아지트를 만들었다. 봄 햇살이 따가워 나무와 나무 사이에 차광막도 쳤다. 남편이 그물을 살피며 앉아 있었고 나는 차광막 아래에서 포획한 새에 가락지를 달고 부리 길이, 부척 길이 같은 외부 크기를 측정했다.

푸른날개팔색조. 처음에는 소나무숲에 숨어 모습을 잘 보여주지 않았다.

오후 햇살이 소나무숲에 걸쳐 긴 그림자를 드리운 4시경 남편이 갑자기 아지트로 달려왔다. 희귀한 새가 잡혔나 싶어 손을 쳐다보는데 손에는 카메라만 들려 있었다. 남편은 카메라 화면을 보여주면서 팔색조가 찍혔다고 했다. 마라도에 팔색조라니. 마라도에서 팔색조가 관찰된 것은 이번이 처음이라 흥분되었다.

그런데 약간 이상했다. 팔색조치고는 날개에 푸른색이 너무 많이 돌았고 가슴과 배도 색깔이 다른 듯 느껴졌다. 남편도 이상하다면서 국립생물자원관의 김화정 박사에게 전화를 걸었다. 잠시 뒤 통화를 마친 남편은 입이 귀에 걸리도록 흥분했다. 카메라에 찍힌 새는 우리나라에서 발견된 적이 없는 푸른날개팔색조Blue-winged Pitta로 밝혀졌기 때문이다. 김화정 박사는 그날 저녁 비행기를 타고 한달음에 제주도로 내려왔다. 푸른날개팔색조의 출현에 놀라고, 김화정 박사의 새에 대한 열정에 놀랐다.

마지막 배도 떠난 뒤라 마라도는 조용했고 사람들도 안개 사라지듯 사라졌다. 푸른날개팔색조는 사람들이 떠난 마라도는 안전하다는 것을 알고 있는지 그물을 쳐 놓은 소나무숲 사이를 돌아다니며 먹이를 찾아 먹었다. 남편은 처음 소나무숲 사이 가지에 앉아 있는 모습을 겨우 보았다고 했는데, 대놓고 개방된 공간에서 먹이를 잡고 있으니 우리는 참으로 운이 좋았다. 한참 푸른날개팔색조 관찰 삼매경에 빠져 있는데 어디선가 '호잇호잇~' 하는 낯익은 소리가 들렸다. '앗싸! 팔색조도 와 있

마지막 배가 떠난 후 사람들이 사라지자 개방된
곳으로 나와 모습을 보여준 푸른날개팔색조.

구나.' 그날 푸른날개팔색조는 우리나라 첫 기록이었고 팔색조는 마라도 첫 기록이었다.

김화정 박사는 다음날 첫 배를 타고 마라도에 들어왔다. 그런데 푸른날개팔색조가 심술을 부리는지 전날 있던 장소에는 코빼기도 안 보였다. 반나절을 죽치고 있었지만 보이지 않았다. '벌써 떠났나?' 생각하면서 아지트에 앉아 멍하니 하늘만 바라보는데, 갑자기 뒤쪽에서 바스락거리는 소리가 났다. 푸른날개팔색조가 약 1m 뒤에서 껑충거리며 돌아다니고 있었다. 흥분을 감추며 조용히 근처에 있던 김화정 박사를 불렀다. 숨소리도 내지 않고 다가왔지만 푸른날개팔색조는 껑충껑충 뛰면서 다른 쪽으로 가버렸다. 간발의 차이로 놓친 점이 많이 아쉬웠으나 다행히 관찰 장소를 바꿔 한 시간 정도 기다려 푸른날개팔색조를 다시 만날 수 있었다.

푸른날개팔색조와 함께 마라도 첫 기록을 남긴
팔색조는 우리나라에서 볼 수 있는 대표적인 팔색조과 새다.

제주도 탐조의 백미

마라도의 새, 두 번째 이야기

2005년, 첫 마라도 탐조

새를 좋아하는 '폐인'들이 마라도를 한 번 다녀오고 나면 '마라도 폐인'이 되고 만다. 봄철 이동하는 다양한 철새들을 관찰할 수 있는 마라도를 처음 찾은 건 지난 2005년. 그때부터 매년 봄이면 마라도를 꼭 찾는다.

마라도에 관한 별다른 정보는 없었지만 이동철새가 많이 거쳐간다는 사실은 알고 있었다. 5월, 새도 볼 겸 나들이도 할 겸 (사)제주야생동물연구센터의 전신인 '새가좋은사람들' 회원들과 마라도를 찾았다. 초

쇠칼새가 바다 위를 멋지게 날고 있다.

등학생 회원들도 참석하기에 탐조 이외에 특별한 이벤트를 마련했다. 새와 친숙해질 수 있도록 직접 새를 만져볼 기회를 만들어 주기로 했다. 그래서 준비한 것이 새잡이 그물이었다.

마라도에 입성해 일단 섬을 한 바퀴 돌며 그물 칠 곳을 찾다가 소나무숲이 적당할 것 같아 그곳에 아지트를 마련했다. 몇 명은 그물을 치고 가락지 부착작업을 준비하고, 나머지는 이곳저곳 둘러본다면서 자리를 떴다. 하지만 새가 별로 보이지 않았다. 날씨가 좋아서 새들이 마라도를 거치지 않고 바로 번식지로 간 모양이었다.

다행히 그물에 새가 몇 마리 잡혀서 가락지를 부착한 후 아이들 손으로 새를 날려 보내도록 했다. 처음에는 움찔거리더니 한 번 잡아보고는 깃털이 부드럽고 따뜻하다며 즐거워한다. 다음에 잡히면 또 만질 수 있도록 해달라고 했다. 처음 보는 섬개개비, 녹색비둘기, 할미새사촌 등을 비롯해 그날 칼새, 황로, 개개비사촌, 바다직박구리, 참새, 제비, 큰부리밀화부리, 큰유리새, 노랑때까치, 제비딱새, 쇠솔딱새, 흰눈썹지빠귀, 동박새, 매, 흰눈썹황금새, 흑로, 솔새, 쇠유리새, 청다리도요 등 총 22종을 관찰했다. 지금 생각하면 정말 새가 없는 날이었지만, 첫 마라도 탐조여서 그런지 많은 새를 본 것 같이 마음이 뿌듯했다.

1

1 마라도 소나무숲 전경.
2 어린이들이 새를 직접 만져볼 수 있도록 새잡이 그물을 쳤다.
3 새 다리에 가락지를 부착한 뒤 측정하고 있다.

1 개개비사촌 2 쇠개개비 3 섬개개비

2006년,
2번 탐조로 40여 종 관찰

어김없이 5월이 찾아왔다. 4월에 마라도에서 '갈색얼가니새'라는 대어를 낚은 후라 마라도 탐조가 더욱 기다려졌고, 이동철새가 가장 많이 지나는 5월이 되자마자 "마라도 가자"고 외쳤지만, 차일피일 미뤄지다 막바지인 5월 28일 주말을 맞아서야 탐조 회원들과 마라도를 찾을 수 있었다. 날씨는 흐리고 바람이 조금 불었다. 햇볕이 쨍한 날보다는 이런 날이 새가 많다.

그러나 부푼 마음과 달리 새는 그리 많지 않았다. 게다가 날아다니는 새들도 다 지금까지 보아온 새들뿐이었다. 기대가 크면 실망이 크다고 했던가. 그물을 치고 실망스러운 표정으로 소나무숲에서 새를 기다리며 가락지 부착작업을 했다.

그물에는 쇠솔새만 잡혔다. 가끔 쉬때까치와 솔새사촌도 잡혔지만 지루함을 달랠 수는 없었다. 하릴없이 하품만 하며 잡힌 쇠솔새를 측정하고 있는데 갑자기 누군가 중요한 새를 발견한 듯 허겁지겁 달려오는 소리가 들렸다. '무슨 생이길래 저리 호들갑일까.' 엉덩이를 털고 일어나 소란스러운 곳으로 갔더니 땅바닥에 널브러진 새가 보였다.

해오라기류 같은데 처음 보는 종이다. 죽은 지 하루는 지난 듯했다. 외상이 없는 것으로 봐서 이동 중 탈진해 죽은 듯했다. 이리저리 뜯어보니 '검은해오라기'였다. 우리나라에서는 제주도에서 딱 한 번 관찰된

기록이 있는 새라 놀랄 수밖에 없었다. 귀한 표본자료라 사체 외부를 측정한 후 잘 챙겨 두었다. 그 뒤에 몸통은 다 뜯어 먹히고 머리만 남은 검은해오라기 사체도 발견해 수집했다.

검은해오라기를 발견하고 들뜬 마음으로 아지트로 돌아왔는데, 그물에도 귀한 새가 걸렸다. 그물에 걸린 새를 떼러 갔던 회원이 무슨 새인지 모르겠다며 어리둥절했다. 가지고 간 도감들을 샅샅이 훑어서 그 새가 '큰부리개개비'라는 걸 알았다. 이 또한 놀랄 일. 제주도에서는 처음 기록되는 종이고, 잡아서 찍긴 했지만 사진자료로서도 우리나라 최초였다. 2006년 2번의 마라도 탐조를 통해 40여 종의 새를 관찰했다.

©최창용

그물에 새가 걸리기를 기다리고 있다.

1 마라도에서 발견한 검은해오라기 사체.
2 큰부리개개비.

2007년, 본격적인 탐조 시작

이전까지의 마라도 탐조가 맛보기였다면 2007년부터는 본격적인 '마라도 폐인'의 길로 접어들었다고 할 수 있다. 5월이 되면 마음이 급해져 마라도를 찾기 시작했다. 시간이 되는 회원들만 모아서 무조건 들어갔다. 시기별로 관찰할 수 있는 새가 다르기 때문에 5월이 되면서 하루도 늦출 수가 없었다. 마지막 배를 떠나보내고 조용한 마라도에 남아 하룻밤을 보내며 탐조했고, 가끔 이틀 밤을 보내기도 했다.

5월 3일, 처음으로 마라도에서 1박을 했다. 관광객들이 빠져나간 마라도는 을씨년스러울 정도로 고요했다. 한동안 고요함에 빠져 허우적거리다가 새소리에 문뜩 정신을 차리고 나니 주위에 새들이 보였다. 관광객이 없는 섬은 새들의 놀이터였다. 텅 빈 도로, 잔디밭, 소나무 사이 길, 해안 등에서 새들이 먹이를 잡느라 정신없이 날아다녔다. 분주하면서도 여유로운 풍경이었다.

갑자기 그물에 새가 무더기로 잡히기 시작했다. 사람들이 빠져나가 안전하다고 생각했는지 새들의 활동이 활발해진 모양이다. 가락지를 부착하고 외부측정을 하고 날려 보내기가 무섭게 또 다른 새가 잡혔다. 그물에 걸린 새는 대부분 산솔새였다. 이외에도 솔새사촌, 되솔새, 되지빠귀, 붉은배지빠귀, 흰배멧새, 황금새 등이 잡혔고, 야행성 맹금류인 솔부엉이도 두 마리나 잡혔다. 그 사이 해는 뉘엿뉘엿 서쪽 바다로

1 황금새
2 흰눈썹황금새

1
2

들어가고 있었다.

특이할 만한 종은 긴다리솔새사촌과 노랑허리솔새였다. 긴다리솔새사촌은 제주도에서 처음 기록되는 종이라 조심스럽게 다뤘는데, 몸무게를 측정하다 그만 놓쳐버리는 바람에 사진 한 장 찍지 못했다. 슬픈 예감은 틀린 적이 없다고 어느 가수가 노래했듯이, 몸무게를 측정하기 전에 사진을 미리 찍어두고 싶더라니.

2박 3일 동안 70여 종의 새를 관찰했다. 그 중 큰부리개개비, 쇠종다리, 검은등사막딱새, 개미잡이, 무당새, 꾀꼬리 등이 기억에 남는다. 그리고 검은등사막딱새에 얽힌 에피소드도 잊을 수 없다.

마라도에 막 도착해서 섬을 한 바퀴 둘러보고 각자 좋아하는 장소에서 나름대로 탐조를 즐기고 있었다. 마라도에서 탐조장소로 각광받는 선착장 인근 암석지대는 잔디와 순비기나무군락이 있어 새들이 숨기 적합한 곳이다. 희귀한 새들이 그곳에서 숨바꼭질을 많이 한다. 탐조 회원들은 누가 먼저랄 것도 없이 하나 둘 그곳에 모여들었고 무슨 새가 바위 사이로 숨나 촉각을 곤두세우며 살피고 있었다.

검은등사막딱새

때마침 잔디밭에 새 한 마리가 먹이를 찾다가 가까운 바위 위로 휘리릭 날아 앉았다. 사람들 시선은 아랑곳하지 않고 먹이 찾기에 열중했는데, 잔디에서 먹이를 잡아먹고는 바위 위로 날아 앉아 가끔 꼬리를 부채처럼 쫙쫙 펴는 행동을 보였다. 행동이나 크기, 모양을 볼 때 '부채꼬리바위딱새'로 보였다. 예전에는 잘 안 보이던 새지만, 지난 겨울 내내 자주 관찰해서 별로 관심이 가지 않았다. 대충 사진 몇 컷씩 찍고 다들 다른 새를 찾아 흩어졌다.

1

2

그런데, 2박 3일간의 마라도 탐조를 마치고 집에 돌아가서야 그 새가 검은등사막딱새 암컷이라는 사실을 알게 되었다. 평생 한 번 볼까 말까한 새를 잘못 동정해서 쉽게 보내 버렸으니, 나뿐만 아니라 동행했던 탐조 회원들에게 더 미안했다. 그 사건 이후로 아무리 쉽게 구별할 수 있는 새도 다시 살펴보자고 다짐했다. 5월 말, 다시 1박 2일 일정으로 마라도를 찾았다. 개개비, 쇠개개비, 섬개개비, 알락꼬리쥐발귀 등 개개비류가 많이 보였다.

2008년,
마라도 탐조의 완성기

봄만 되면 마음이 급해지는 것은 다 마라도 때문이렷다. 꽃샘추위로 겨울 같았던 3월이 가고 벚꽃 피는 4월이 왔다. 4월 초에 무슨 새가 날아 오겠는가만, 4월도 분명 봄이니 마라도에 가면 새를 볼 수 있을 것만 같았다. 그러나 역시 4월 초는 너무 일렀다. 이동철새라고 해봐야 검은딱새와 후투티가 전부였고, 가뭄에 콩 나듯 붉은배지빠귀 몇 마리를 관찰했다.

미련을 버릴 수가 없어 한 주 지난 후에 다시 마라도를 찾았다. 2006년에 갈색얼가니새를 보았던 시기와 비슷해서 혹시나 또 나타나지 않을까 하는 기대감에다가 당시의 아쉬움이 더해져 마음이 더욱 급했다. 다행히 이번에는 기대를 져버리지 않았다. 큰물떼새, 제비물떼새,

1 붉은배지빠귀
2 검은지빠귀

흰눈썹붉은배지빠귀, 노랑눈썹멧새, 개미잡이, 붉은가슴밭종다리, 큰유리새, 흰눈썹황금새, 숲새, 쇠붉은빰멧새 등 다양한 새들이 관찰되었다. 흰눈썹울새를 보는 행운도 따랐다. 이후로 5월까지 매주 마라도를 찾았고, 3박 4일 동안 마라도에 파묻혀 새를 보기도 했다.

2008년 마지막 이동철새를 보기 위해 마라도를 찾은 것은 6월 6일이었다. 5월 말에 도착한 섬개개비가 번식을 시작했는지도 알아볼 생각이었다. 이동철새는 막바지라 별로 보이지 않았지만 그리 실망스럽지는 않았다. 섬개개비가 둥지를 틀었는지가 더 큰 관심사였기 때문이다. 그런데 섬을 돌다보니 열대붉은해오라기, 흰등밭종다리, 쥐발귀개개비, 흑비둘기 등 예상치 못한 새들이 톡톡 튀어나왔다.

진홍가슴

1 검은머리촉새 **2** 꼬까참새 **3** 쇠붉은뺨멧새

이튿날 한국밭종다리를 만나는 뜻밖의 수확도 있었다. 한국밭종다리는 길잃은새로 우리나라에서 아주 드물게 관찰되는데, 제주도에서는 관찰 기록이 없었다. 한국밭종다리가 6월에 마라도에 나타날 것이라고 누가 생각을 했겠는가! 그래서 처음에는 일행 모두 붉은가슴밭종다리인줄 알았다. 전날과 달리 새가 별로 안 보이고 섬개개비도 아직 둥지를 짓기 전이라 마땅히 사진에 담을 만한 것이 없어서, 붉은가슴밭종다리라도 찍으려고 뒤를 좇으며 셔터를 눌렀다. 해초가 떠밀려온 갯바위에서 한 컷, 갯바위 근처 잔디밭에서 한 컷, 날개를 반쯤 편 모습도 찍었다. 게다가 사람을 경계하지 않아 아주 가까이서 찍을 수 있었다. 며칠 후 사진을 정리하면서 붉은가슴밭종다리와 다르다는 느낌이 들어 확인해 보니 한국밭종다리로 밝혀졌다.

한국밭종다리

생태가 베일에 싸인 아름다운 천연기념물

제주도의 특별한 여름 손님, 팔색조

새 공부를 시작한 지 얼마 안 된 풋내기일 때 봄은 정말 즐거웠다. 제주도 숲과 해안에 날아드는 형형색색 희귀하고 앙증맞은 철새들을 볼 수 있어서다. 하지만 여름으로 접어들어 새들이 다 떠나버리고 나면 너무나도 섭섭했고, 허전함을 달래기 위해 빨리 무언가를 찾고 싶어졌다.

그러던 중 어떤 분으로부터 제주도에 서식하는 팔색조를 조사해 달라는 부탁을 받으면서 팔색조와의 인연이 시작되었다. 날씨는 장마가 시작되려는지 후텁지근한데 도대체 어디에 가야 팔색조를 만날 수 있을지 고민하던 기억이 생생하다. 그때가 2002년 여름이었으니 팔색조

©강희만

팔색조가 지렁이를 잡아다 새끼에게 먹이고 있다.

와의 인연이 벌써 10년이나 되었으나 여전히 녀석에 대해 모르는 것이 많다.

'미의 극치'라고 불리는 세계적인 인기스타

팔색조에 관심 가질 무렵 대학원에 진학한 나는 논문 주제 때문에 고민이 많았다. 지금까지 발표된 조류 관련 국내 논문을 살펴보니 특정 지역의 조류상이나 어떤 종에 대한 일반적인 생태에 관한 내용들이 많았다. 새를 보러 다니는 일이 생활의 전부였던 터라 '제주도의 조류상'으로 연구 주제의 가닥을 잡으려 했다. 그렇지만 조류상에 관한 연구 논문은 이미 너무 많아 식상했고, 다른 연구자들이 조사했거나 할 예정이라서 썩 내키지 않았다.

팔색조는 천연기념물이면서 멸종위기종으로 지정된 보호종인 데다가 생태가 워낙 베일에 싸여 있어서 연구가 거의 이루어지지 않은 상태였다. 또 당시 제주도보다는 거제도에 더 많은 것으로 알려져 있었다. 섬의 크기와 환경으로 보면 제주도에 더 많이 번식할 것 같은데, 조사가 거의 이뤄지지 않아 거제도만큼 주목받지 못하고 있는 듯했다. 제주도 역시 팔색조 서식지로서 세간의 관심을 받아야 하고, 그를 통해 팔색조뿐만 아니라 팔색조 서식지도 보호받을 수 있도록 해야 한다는 사명감 같은 것이 마음속에 움텄다. '그래, 내 논문 주제는 팔색조다.' 우

울창한 계곡 숲에서 만난 팔색조.

팔색조 둥지 주변 풍경.

연히 인연을 맺은 팔색조가 연구 주제에 관한 고민을 한방에 날려 보내 주었다.

팔색조는 외모가 워낙 출중한 데다가 관찰하기 어렵다 보니 많은 국내외 탐조인들이 보고 싶어 한다. 다윈과 함께 진화론을 창시한 사람으로 유명한 영국의 박물학자 월레스Alfred R. Wallace는 일찍이 팔색조를 '미의 극치'라고 표현했다. 그 덕분인지 유럽이나 북미의 내로라하는 탐조인 중에는 팔색조에 열광하는 사람이 많다.

제주도에서 팔색조를 연구한다는 소문이 어떻게 났는지 모르지만, 팔색조가 둥지를 짓는 시기인 6월이면 여기저기서 전화가 많이 온다. 대부분이 팔색조를 보고 싶은데 어디에 가야 볼 수 있는지 묻는 전화다. 이런 전화를 받으면 난감하다. 일부 극성스러운 사람들 때문에 자칫 팔색조 서식지가 망가질 수 있기 때문이다. 일부 사진작가들이 팔색조 사진을 찍으려고 둥지를 옮기거나 둥지 주변을 훼손하는 모습을 목격한 적도 있다. 하지만 많은 사람이 팔색조에 관심 갖게 하는 것이 팔색조 보호에 도움이 될 거라는 생각도 들어서 그런 부탁을 아주 모른 척 할 수도 없다. 그래서 팔색조를 관찰하는 몇 가지 원칙을 나름대로 세웠다.

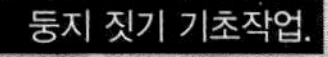
둥지 짓기 기초작업.

팔색조를 관찰할 때 둥지 주위에는 되도록 접근하지 말 것, 둥지를 만지지 말 것, 둥지 주변을 어지럽히거나 팔색조에게 방해되는 행동을 하지 말 것 등의 주의사항을 반드시 지킨다는 약속을 받고 진심으로 자연을 아끼는 사람, 팔색조를 단순한 촬영 대상으로 보지 않는 사람, 연구를 목적으로 찾는 사람, 정말 팔색조가 보고 싶어 찾아오는 외국사람 등에게만 팔색조 서식지를 알려주었다.

팔색조를 만나기 위해 여러 사람들이 다녀갔다. 새 사진을 전문으로 찍는 60대 대만 사진작가는 자기 몸무게보다도 무거운 렌즈와 삼각대를 들고 팔색조 사진을 찍겠다며 제주도를 찾았다. 30년 넘게 새 사진을 찍어온 그는 새를 대하는 마음가짐이 남달랐다. 최대한 새에게 방해되지 않으려는 배려가 행동 하나하나에 서려 있었다.

무더운 여름, 좁은 위장텐트 속에서 모기와 싸우며 숨죽이고 팔색조를 기다렸다. 그날 따라 팔색조는 쉽사리 모습을 드러내지 않았다. 무더위가 절정에 달한 오후, 드디어 팔색조가 나타났다. 하지만 거리가 너무 멀었다. 나 같으면 사진을 안 찍었을 정도의 거리인데도 그는 부지런히 셔터를 눌렀다. 팔색조는 금세 사라졌다. 더 이상 나타날 것 같지 않은 느낌이 들었는지 아니면 더 이상 팔색조를 방해하고 싶지 않아서였는지 그는 옷을 털며 일어섰다. 다음날 다시 오는 건 어떤지 넌지시 물으니 그는 웃는 얼굴로 "오늘 본 것만으로도 충분히 행복하다"고 말했다. 그의 멋진 뒷모습을 지금도 잊을 수 없다.

1 계곡 바위에 팔색조가 둥지를 틀었다.
2 새에게 방해되지 않을 만큼의 거리까지 다가가 팔색조 둥지를 관찰했다.

대만과 한국의 서로 다른 서식환경 비교하고

대만에 3천 마리 정도의 팔색조가 번식한다는 얘기를 처음 들었을 때 입이 떡 벌어졌다. 제주도에서 확인한 것이 고작해야 60여 쌍이니 말이다. 대만에서 팔색조를 연구하는 린루에이싱林瑞興 박사가 제주도의 상황이 궁금하다며 2007년 2월 (사)제주야생동물연구센터가 주최하는 세미나에 맞춰 제주도를 찾아왔다. 대만과 제주도의 팔색조에 관한 정보를 나누면서 팔색조 번식지로 안내했다.

린 박사는 신기한 듯 서식지를 둘러보며 카메라 셔터를 눌렀고, 서식지 상황을 캠코더로 꼼꼼히 기록했다. 그는 대만과 제주도의 팔색조 서식 환경이 약간 다른 것 같다면서 두 곳의 특징을 비교하면 재미있을 것 같다고 말했다. 그리고는 대만의 팔색조 번식지를 구경시켜 주고 싶으니 기회가 된다면 꼭 대만에 오라고 했다.

이듬해 5월 초, 제주도에는 아직 팔색조가 도래하지 않을 때지만 대만에서는 벌써 알을 낳고 새끼를 키울 시기에 린 박사에게서 연락이 왔다. 대만 팔색조 번식지에 오지 않겠느냐는 내용이다. 이게 웬 기회냐 싶어 대만으로 향했다.

대만 중부 윈린현雲林縣 린네이향林內鄉에는 팔색조가 도래하는 시기가 되면 팔색조 전담 연구기지가 한시적으로 운영된다. 허름한 단층짜리 건물인 연구기지에서 연구자들은 두 달 정도 먹고 자면서 팔색조와

1 팔색조 알.
2 팔색조 번식지를 촬영하는 대만의 팔색조 연구자 린 박사.

주변의 특산종을 연구하고 이들 종을 보호하기 위한 방법도 찾는다. 무척 부러운 일이다. 나는 닷새 동안 그곳에 머물렀다.

린 박사는 팔색조 보호를 위한 국제적인 네트워크의 필요성을 강조하며 함께 팔색조를 연구해 보자고 제안했다. '국제적인 팔색조 연구 네트워크라…', 생각만 해도 멋진 구상이어서 흔쾌히 찬성했지만 지금까지 팔색조 공동연구는 실마리를 찾지 못하고 있다. 이미 제주도의 팔색조 서식지가 농경지 개간이나 골프장 개발 등으로 눈에 띄게 줄고 있다. 빠른 시일 안에 구체적인 연구가 진행되길 기대한다.

모기에 물리며 저린 다리로 생태 관찰도

팔색조는 5월 말에 제주도에 도착한다. 도착하자마자 이리 기웃 저리 기웃거리며 짝을 찾은 후에는 '여기는 내 집이오' 하면서 집 지키기에 여념이 없다. 팔색조를 쫓아다닌 지 3년쯤 지났을 때의 일이다. 본격적인 여름이 시작되려는지 무척 더웠다. 팔색조 서식지에 관한 정보는 이미 조사를 통해 많이 알았으니 이제는 팔색조가 어떻게 행동하고 둥지는 어떻게 짓는지 등 생태연구를 시작해야 할 것 같았다.

명색이 팔색조 연구자이니 남들보다는 팔색조의 기본적인 생태에 관해 많이 알고 있어야 체면이 서고, 누가 팔색조에 관해 물으면 자신 있게 대답할 만큼 충분한 지식을 갖춰야 할 것 같았다. 그래서 무더위

팔색조가 새끼를 보살피느라 분주하다.

이소(새끼가 자라 둥지를 떠나는 일)를 앞둔 새끼.

도 아랑곳하지 않고 팔색조를 찾아 계곡으로 들어갔다.

나뭇가지가 하늘을 가린 계곡 내부는 햇빛이 들지 않아 어둡고 습했다. 이런 곳은 모기가 많다. 미리 확인해 둔 팔색조 둥지에서 멀찍이 떨어진 곳에 위장텐트를 쳤다. 최대한 방해되지 않도록 숨을 죽이고 팔색조의 행동을 관찰했다. 둥지에서는 이미 부화한 새끼들이 어미새가 돌아오기를 기다리고 있었다. 모기가 몰려들어 윙윙거리는데 한 마리를 잡으면 두 마리가 달려드는 식이어서 나중에는 포기하고 그냥 피를 빨리기로 했다. 좁은 텐트 안에서 쪼그리고 앉아 있으니 다리가 무척 저렸다. 조금 움직여도 낙엽이 바스락거려 코에 침을 묻혀가며 어미가 둥지로 오기를 기다렸다.

부리에 지렁이를 잔뜩 물고 온 어미가 주변을 경계하면서 둥지로 들어갔다. 새끼들은 재재거리며 부리를 벌려 먹이 달라고 아우성이다. 어미는 새끼들에게 골고루 먹이를 나누어준 후 닭똥만한 똥을 물고 휘익 날아갔다. 그리고 주변은 다시 고요해졌다. 팔색조 둥지를 관찰한 날은 온몸이 뻐근하다. 초기에는 이렇게 몸으로 팔색조를 연구했으나 지금은 동영상 장치로 둥지를 촬영해서 분석하기 때문에 그렇게 편할 수가 없다.

나뭇가지와 이끼를 얽어 만든 팔색조 둥지는 여간해서 눈에 띄지 않는다. 지금은 팔색조가 어디에 어떤 형태로 둥지를 만드는지 알기 때문에 어렵지 않게 찾지만, 처음에는 일주일을 헤매다 겨우 찾을 수 있었다.

한 번은 팔색조 둥지를 찾으려고 계곡 안에 들어가 돌아다니다 너무 지쳐서 바위에 걸터앉아 쉬었던 적이 있다. 울퉁불퉁하고 동글동글한 바위들이 여기저기 널려 있는 제주도 계곡은 비가 올 때만 흐르는 건천이다. 바위에 걸터앉아 땀을 닦고 있는데 1m 정도 앞으로 무언가 휙 지나가더니 저만치 바위에 앉았다. 팔색조였다. 나를 못 봤는지 별 경계 없이 바위에 있다가 날아갔다. 잠시 후 이번에는 부리에 먹이를 물고 내 등 뒤로 지나갔다. 팔색조는 계곡을 둥지와 먹이터를 오가는 통로로 이용하는 것 같았다. 계곡은 시야가 트여 있고 장애물이 없어 통로로 이용하기에 안성맞춤인 듯했다. 눈앞으로 팔색조가 왔다 갔다 했지만 그날 둥지는 찾지 못했다.

이제부터는 어미의 보살핌을 벗어나 홀로서기를 해야 한다.

● 5회 이내 관찰기록만을 갖고 있는 길잃은새

강원도에서 월동하는 천연기념물이며 멸종위기종

여름 제주도에 나타난 희귀 겨울철새, 혹고니

2008년 6월, 제주도에 천연기념물 제201-3호이자 멸종위기야생동물 I급인 혹고니가 나타나 한바탕 소동이 벌어졌다. 혹고니는 주로 겨울철새로 우리나라를 찾는데, 강원도 고성군 송지호와 화진포에서 보통 10마리 안팎의 적은 수가 월동한다. 많은 사람들이 혹고니를 보러 일부러 강원도를 찾지만 허탕 치는 경우가 많다. 혹고니가 쉽게 나타나 주지 않기 때문이다. 이런 귀한 새가 겨울도 아닌 여름에 제주도에 나타났으니 얼마나 놀랄 일인가!

혹고니는 부리에 검은 혹이 있는 것이 특징이다.

제주도에 처음 나타나
뉴스의 초점이 되고

따릉따릉~. 새벽 6시. 남편 휴대폰에 불이 났다. '새벽부터 누구지?' 지난밤 과음한 탓에 남편은 잠을 깨지 못했고, 전화가 끊겼다. 무슨 급한 일인지는 모르지만 나중에 다시 걸겠거니 생각하고 잠이 들려는데, 벨소리가 다시 울렸다. 남편은 여전히 비몽사몽이었지만 이번에는 간신히 일어나 휴대폰을 받았다. 한참 통화를 하더니 갑자기 옷을 주섬주섬 입으며 함께 나가자고 한다. 새벽 2시에 들어와서 술도 덜 깬 상태라 입에서는 술 냄새가 폴폴 났다. 아직 술도 안 깼는데 어딜 가냐고 묻자 혹고니가 나타났다고 했다. 믿기지 않아서 다시 물었다. 이 여름에 무슨 혹고니냐고, 잘못 본 것이 아니냐고. 그런데도 남편은 아무튼 얼른 확인하러 가야 한다고 재촉했다.

새벽인데도 도로는 출근 차량으로 붐비고 있었다. 제주 시내를 빠져나와 제주시 한경면 용수리 용수저수지에 도착했다. 저수지는 고요했고, 백로 몇 마리가 물가에서 먹이사냥을 하고 있었다. 혹고니는 꽁무니도 보이지 않았다. 혹고니를 확인하러 용수저수지에 와 있는 지인에게 전화를 걸었다. 그리고는 자동차 한 대가 겨우 지나다닐 만한 농로를 따라 지인이 있는 곳까지 들어갔다. 앞에 자동차 한 대가 세워져 있고 덤불이 우거진 가장자리에서 지인이 나타났다. 지인은 혹고니가 있는 쪽을 손가락으로 가리켰다. 저수지 입구에서는 보이지 않던 혹고

2008년 6월 제주시 한경면 용수저수지에 나타난 혹고니.

니 4마리가 안쪽에 숨어 있었다.

몸을 숨기며 혹고니가 눈치채지 못하게 조용히 접근했다. 수풀이 우거져서 그런지 1m 정도 거리까지 접근했는데도 도망가지 않았다. 멀리서 겨우 관찰할 수 있을 것으로 생각했는데, 가까이서 볼 수 있게 되니 기분이 묘했다. 왜 도망가지 않을까 궁금하기도 했다. 너무 가까워서 소형 자동카메라를 들이대도 혹고니 머리만 찍을 수 있었고, 남편은 캠코더로 혹고니를 화면 가득 담을 수 있었다.

얼마 뒤에 사람들 한 무리가 들이닥쳤다. 신문, 방송사 기자들이었다. 제주도에 혹고니가 나타난 것이 처음인 데다 천연기념물이며 멸종위기종이다 보니 뉴스감이 되어서다. 게다가 겨울도 아닌 여름에 나타났으니 혹고니의 출현이 지구온난화나 기후변화 문제와 관련 있지 않나 생각하면서 찾아온 모양이었다.

그런데 사람 수가 많아지자 부담스러웠는지 혹고니가 움직이기 시작했다. 그리고는 저수지를 헤엄쳐 가로질러 반대편으로 가버렸다. 반대편은 접근할 방법이 없어 망원렌즈가 없으면 촬영이 안 되는 곳이었다. 우리 일행은 사진을 충분히 찍어 놓은 상태라 느긋했지만, 막 도착한 사람들은 멀어져가는 혹고니의 꽁무니라도 찍겠다면서 부지런히 카메라를 설치했다.

혹고니의 아름답고 힘찬 비상.

혹고니가 물풀을 뜯어 먹고 있다.

갑자기 소나기가 내렸다. 예상하지 못했던 비를 피하느라 다들 정신이 없었다. 이미 비에 쫄딱 젖었지만 더 맞지 않으려고 부지런히 뛰어서 자동차에 올랐다. 그런데 방송사 직원들은 비옷을 입은 채 계속 촬영하고 있었다. 기자 정신에 박수를 보내고 싶었다. 그칠 것 같지 않던 기세로 내리던 비는 점점 사그라지더니 이내 그쳤다. 혹고니를 찍던 사람들 대부분은 자리를 뜨고 나와 남편 그리고 빗속에서도 기자 정신을 불태웠던 방송사 기자만 남았다.

그런데 갑자기 고함소리가 들렸다. 무슨 일인가 싶어 두리번거리니 혹고니를 찍고 있던 그 기자가 혹고니를 날아오르게 하려고 고함을 지르고 있었다. 헤엄치는 모습만 카메라에 담았던 터라 비행하는 모습까지 찍고 싶어서 그런 행동을 한 것이다. 그 마음이야 충분히 이해하지만 그렇다고 새를 놀라게 하는 행동은 절대 해서는 안 된다. 따끔하게 충고하려고 그 기자 쪽으로 걸어가는데, 고함을 쳐도 날지 않자 이제는 돌멩이를 던졌다. '어물전 망신은 꼴뚜기가 시킨다고, 저런 기자들 때문에 선량한 다른 기자들이 욕을 먹지….' 그 기자는 우리가 다가오는 것을 보았는지 반대편으로 걸어가더니 사라졌다.

사람을 무서워하지 않으며
야생에도 잘 적응해

혹고니 출현 소식이 신문이며 방송에 대문짝만하게 보도되고 열흘

쯤 지났다. 새 사진을 찍는 사람들도 대부분 용수저수지를 다녀간 뒤라 이제 더 이상 혹고니에 관심 쏟는 사람이 없는 듯했다. 용수저수지는 예전처럼 다시 평화를 찾았다. 주말이 되어 (사)제주야생동물연구센터 회원들과 함께 용수저수지 주변으로 탐조를 갔다. 들른 김에 혹고니가 잘 있는지 보려고 저수지 둑에 오르는데 어디선가 고니를 부르는 소리가 들렸다. '고~니, 고~니, 고~니'. 이미 사람이 와 있었던 모양이다. 그런데 뜬금없이 왜 고니를 부르지?

후다닥 둑 위로 올라가 보니 두 사람이 서 있었다. 그 중 한 사람은 우리가 갑자기 나타나자 놀란 기색이었다. 뭐하시는 거냐고 묻자, 고니를 부르면 가까이 온다는 말을 듣고 혹고니를 가까이서 보고 싶어 부르고 있다고 했다. 하도 어이가 없어서 웃음만 나왔다. 그건 절대로 있을 수 없는 일이며 새를 방해하는 행동을 하면 안 된다고 단단히 주의를 준 후 갖고 간 망원경을 펼쳐서 혹고니를 보여줬다. 혹고니를 보여줘서 고맙다는 인사와 함께 앞으로 새를 볼 때 주의하겠다는 말을 남기고 두 사람은 떠났다.

혹고니의 물갈퀴 발.

1 여유롭게 기지개를 펴는 혹고니.
2 빵을 던져주자 사람 가까이 모였다. 아마도 누군가 키우던 녀석들이 아닐까?

혹고니 뒤로 보이는 용수저수지 전경.

우리 일행은 계속 남아 혹고니를 관찰했다. 그런데 물가에 옥수수와 빵 봉지가 어지럽게 널려 있었다. 갑자기 혹고니를 부르던 사람들이 했던 말과 함께 번뜩 한 가지 생각이 떠올랐다. 우스꽝스럽다는 생각이 들었지만 혹시나 하는 마음에, 소리는 지르지 않고 이쪽으로 오라는 손짓을 혹고니에게 보내 보았다. 그런데 믿기지 않는 광경이 펼쳐졌다. 둑 반대편에서 물풀을 뜯던 혹고니가 일렬로 나란히 우리 쪽으로 헤엄쳐 오는 것이 아닌가. 그리고는 물가에서 우리를 빤히 쳐다보며 뭔가를 원하는 눈치였다. 널려 있던 빵 봉지와 옥수수의 비밀이 풀리는 순간이었다.

야생으로 알고 있던 이 혹고니들이 어쩌면 누군가 먹이를 주면서 키웠던 녀석들일 수 있다는 생각이 들었다. 그런데 야생 혹고니가 아니라면 이런 곳에서 지금까지 버티지 못했을 텐데, 어떻게 버티고 있었을까? 진실이 무엇이든 간에 용수저수지의 혹고니들은 사람을 별로 무서워하지 않았고 또 야생에서도 잘 적응해 살고 있었다. 혹고니들이 용수저수지에서 번식도 하고 새끼도 키우면서 오랫동안 살았으면 좋겠다고 일행들과 입을 모았다.

그런 우리의 바람이 이루어지는 듯했다. 6월에 찾아왔던 혹고니는 8월 땡볕에도 꿋꿋하게 잘 살고 있었다. 가을바람이 불기 시작하는 9월이 되었는데도 4마리 모두 떠나지 않았다. 가을이 되면서 먹을 것이 점점 줄고 있어 걱정스러웠다. 모임 회원들과 함께 먹이주기를 해야 하

혹고니는 사람들이 가까이 다가가도 전혀 경계하지 않았다.

나 고민할 무렵 마치 그 고민을 덜어주려는 것처럼 혹고니들이 사라졌다. 하루가 지나고 이틀이 지나도 나타나지 않았고, 그 해 겨울에 잠깐 모습을 보인 뒤로 영영 사라졌다. 언제 다시 제주도에서 혹고니를 볼 수 있을까?

우리나라 최초의 성조 사진 촬영에 성공하다

제주도에 정착한 지 10년 된 독수리

오래 전 겨울, 강원도 철원에 간 적이 있다. 독수리 수백 마리가 무리지어 상공을 선회하는 장면이 신기했다. 그곳에서 야생동물구조센터에 들어온 다친 독수리도 보았다. 눈을 깜빡거리며 나를 쳐다보는 독수리를 보며 '참으로 덩치가 크구나' 생각했다. 그렇게 만났던 독수리를 제주도에서 보게 되리라고는 생각하지 못했다. 그것도 4계절 내내.

2002년 11월 어느 날, 뜬금없이 제주도에 독수리가 날아왔다는 소식이 들렸다. 한 마리도 아닌 24마리가 떼지어 나타났다는 것이다. 믿어야 하나 말아야 하나 고민하는데 신문에 대문짝만하게 독수리 사진이 실렸다. 독수리는 매해 겨울 우리나라를 찾기 때문에 출현이 그리

©지남준

구좌읍 용눈이오름에서 관찰된 독수리.

신기한 일은 아니지만, 제주도에서는 드문 일이어서 사람들의 이목을 끌기에 충분했다.

30년 만에 제주도에 나타나 존재감 과시

당시 새 공부를 막 시작한 무렵이라 새에 관한 정보라면 모든 것에 민감했다. 신문에는 서귀포시 대정읍 중산간에서 발견되었다고 적혀 있었지만, 먹이를 찾아 아주 멀리까지 날아다니는 맹금류인 독수리가 그곳에 계속 머물지 의문이었다. 그래도 처음 발견된 장소이니 단서라도 찾을 수 있을까 싶어 일단 그곳으로 향했다. 하지만 대정읍 중산간 지역이 뉘 집 마당도 아니고, 어떻게 독수리 흔적을 찾을지 막막했다. '하늘에 떠서 먹이를 찾는 녀석이니 돌아다니다 보면 보이겠지' 하는 생각으로 무작정 찾아 헤맸다. 결국 하루 종일 돌아다니다 허탕만 쳤다.

집에 돌아와 독수리 입장이 되어 생각해 보았다. 먼 바다를 건너오느라 무척 배가 고팠을 게다. 우리나라를 찾는 독수리는 어린 녀석들이라 배고픔을 참기 더 어려울 것이다. 배가 고프면 어디로 갈까? 먹이가 있을 만한 곳은 목장지대나 돼지 축사 정도. 생각이 거기까지 미치니 금악리 이시돌목장과 천아오름 일대 목장지대가 떠올랐다. 그곳의 넓은 초지는 독수리의 고향인 몽골의 환경과 비슷해 친숙할 테고, 겨울이라 방목하는 소는 없겠지만 대신 노루들이 한라산에서 내려와 먹이를 찾고 있어 죽은 노루를 발견할 가능성도 높다.

다음날 날이 밝자마자 제1산록도로를 달려 천아오름으로 향했다. 중산간 도로에 접어들어서는 자동차를 천천히 몰면서 하늘을 살폈다. 너무 느리게 간다고 가끔 뒤따르던 자동차에서 경적을 울리는 바람에 깜짝 놀라기도 했지만, 이른 아침이라 자동차가 많지 않았다. 한참 살피며 가다가 하늘에 떠 있는 검은 물체를 보았다. 독수리인가 싶어 차를 세우고 살펴보면 큰부리까마귀였다. 높이 떠 하늘을 선회하는 맹금류가 보여 또다시 멈추면 말똥가리였다. 독수리 보기가 참 만만치 않다고 생각하면서 천아오름 근처에 다다랐다.

독수리가 자주 출몰했던 천아오름 일대.

천아오름 일대의 목장이 훤히 내려다보이는 곳에 자동차를 세웠다. 멀리 검은 점들이 보이긴 했지만 까마귀였다. 떠오른 햇살에 차갑던 공기가 데워지고 있었다. 독수리가 보이지 않아 자동차로 돌아가는데 갑자기 검은 물체가 하늘로 떠올랐다. 독수리였다. 쌍안경을 들이대지 않고도 확인할 수 있을만큼 가까운 거리였다. 아마 근처 나무에서 밤을 보내고 공기가 데워지기를 기다렸다가 떠오른 모양이다. 다른 독수리가 없는지 보려고 쌍안경으로 독수리가 처음 나타난 방향을 살폈다. 멀리 삼나무 꼭대기에 앉아 있던 또 다른 독수리 한 마리가 날아올랐다. 어느새 머리 위로 독수리 대여섯 마리가 날갯짓 없이 선회하고 있었다. 30년 만에 제주도에 나타난 독수리를 직접 목격하는 감격스런 순간이었다.

겨울 동안 제주도에 나타난 독수리는 여러 사람들의 눈을 즐겁게 해주고, 가끔 매스컴에 얼굴도 비치면서 그 존재감을 과시했다. 그리고 겨울이 가고 봄이 찾아왔다. 이제는 출현이 식상하게 느껴질 정도로 여기저기서 독수리가 관찰되었다. 그래도 봄이 되면 떠날 녀석이라 생각하니 섭섭하고, 이제 가면 언제 다시 볼 수 있을지 모른다는 생각에 봄에도 틈틈이 독수리를 찾아 돌아다녔다.

30년 만에 제주도 하늘에 나타난 독수리.

독수리는 6마리에서 16마리까지 무리지어 관찰되었다. 제주도에 24마리가 도래한 것으로 알려져 있었는데, 겨울 내내 독수리 개체수를 조사한 결과 16마리밖에 확인되지 않았다. 이 숫자의 불일치를 어찌 설명해야 할지 몰랐다. 그러다가 한국조류보호협회 제주지회에서 올무에 걸린 독수리를 구조하는 일이 있었다. 올무에 걸려 죽은 노루를 먹으려다가 올무에 다리가 걸려 옴짝달싹 못하는 신세가 된 모양이었다. 철원에서 보았던 독수리가 생각났다. 그제야 독수리가 16마리밖에 관찰되지 않은 이유를 알 것 같았다. 이런 저런 이유로 겨울 동안 생존하지 못한 독수리들이 있었던 것이다.

봄 되어도 떠나지 않고 정착,
사계절 내내 살아

완연한 봄이 되었다. 몽골로 떠나기 전, 먼 비행에 필요한 에너지를 비축하려는지 독수리들이 더 자주 눈에 띄었다. 제주도에서 잘 견뎠으니, 이제 몽골로 무사히 돌아가기만을 바랐다. 그런데 초여름 문턱인데도 계속 독수리가 보였다.

계절은 완연한 여름으로 접어들었다. 독수리 생각은 접고 계곡과 숲을 돌아다니며 번식하는 새들을 조사했다. 한낮 무더위가 숨을 콱콱 막히게 하던 날이었다. 한라산 남쪽 해발 500m 돈내코 상류지역 계곡에서 조사를 마치고 돌아오는 길, 서귀포 시내가 한눈에 들어오는 초지

독수리가 몸을 부르르 떨어 깃다듬기를 마무리하고 있다.

를 지났다. 바람 한 점 없는 날씨를 원망하며 하늘을 올려다보는데 맹금류 한 마리가 눈에 들어왔다. 처음에는 검독수리인줄 알았는데 독수리였다. 믿기지 않아 눈이 시큰거릴 때까지 쌍안경으로 관찰했다. 분명 독수리였다.

독수리가 고향으로 돌아가지 않았단 말인가? 아니면 일부는 가고 일부는 남은 건가? 제주도 환경이 몽골과 비슷해서 그대로 남았나? 무성한 추측이 머리를 어지럽혔다. 곧 여기저기서 독수리를 관찰했다는 제보가 들렸다. 한두 마리가 아니었다. 적어도 십여 마리는 되는 듯했다. 겨울에 왔던 독수리가 떠나지 않고 계속 머물고 있다는 얘기다. 죽지 않을 정도의 먹이는 확보되는 모양이었다.

그 해를 그렇게 지내고, 이듬해에도 독수리는 계속 제주도에 머물렀다. 왜 독수리가 떠나지 않는지 궁금해서 여기저기 수소문했다. 물이 무서워서 못 간다는 얘기가 들렸다. '하늘로 날아서 가는데 왜 물이 무섭겠어. 말도 안 돼'라고 생각했다. 그런데 독수리 몸에 위성추적장치를 달아 추적한 결과 독수리들이 이동하다가 바다와 만나면 이동을 멈추거나 내륙을 따라 이동한다는 연구 결과가 있었다. 바다를 건너면 최단거리로 도착할 수 있는데도 돌아서 간다는 것이다. 어찌됐건 간에 지금까지 그때 남은 독수리들이 제주도 전역을 날아다니며 먹이를 찾고 있다. 하도리 해안과 송악산 선착장에서 보이고, 한라산 꼭대기에서도 보인다. 제주도는 이제 독수리의 안방이 된 셈이다.

성조 된 독수리의 번식을 기대해본다

지난 2008년 더위가 채 가시지 않은 9월 초, 제1산록도로를 타고 신나게 제주시 방향으로 자동차를 몰고 있었다. 도래한 지도 벌써 7년, 독수리는 이제 보여도 그만 안 보여도 그만인 존재였다. 아무 생각 없이 길을 가는데 독수리가 보였다. 그런데 운전하던 남편이 갑자기 차를 멈췄다. 쌍안경으로 독수리가 어디로 날아가는지 살피더니 도로를 벗어나 비포장길로 독수리를 쫓기 시작했다. 어디 가냐고 물어도 남편은 대답 없이 덜컹거리며 길을 달렸다.

까치가 달려들자 독수리가 성가셔하고 있다.

도래한 지 7년이 된 해, 드디어 독수리들이 성조가 되었다.

예전에 새를 보러 왔던 목장 초지대에 도착했다. 남편은 500mm 망원렌즈를 카메라에 장착하더니 성큼성큼 밖으로 나가 철조망을 넘어 목장 안으로 들어갔다. 무슨 희귀한 새를 보았기에 저러나 싶어 궁금했지만 아무 말 없이 가버렸기 때문에 기다리는 수밖에 없었다. 두 시간쯤 지나서 땀범벅이 된 남편이 나타났다. 그리고는 나무에 앉아 있는 독수리를 가까이서 찍었다면서 좋아했다. "난 또 뭐라고. 독수리였어?" 약간 실망스런 투로 말을 던졌더니 남편이 그런 소리 말라며 사진을 보여주었다. 독수리 깃털이 갈색 빛을 많이 띠었다.

남편은 이번에 찍은 독수리 사진은 다른 사진과 격이 다르다고 말했다. 무슨 소린가 했더니 독수리 깃털이 갈색을 띠는 것은 성조가 되었다는 뜻이고, 우리나라에서 촬영된 최초의 독수리 성조 사진이라고 말했다. 독수리가 온 지 7년째이니 벌써 성조가 되고도 남을 세월이었다. 그러고 보니 우리나라에 도래하는 독수리는 모두 어린 새라는 소리를 어디선가 들었던 것 같다. 그때 찍은 독수리 사진은 이후에 진가를 발휘했다. 여기저기서 독수리 성조 사진이 필요하다며 문의가 들어왔다. 남편한테 "그래도 고생한 보람이 있네" 하고 넌지시 말하자 "이제야 그걸 알았냐"고 핀잔을 준다.

제주도에 독수리가 찾아온 지 10년이 되어간다. 이제는 제주도에서 번식도 할 수 있지 않을까 조심스레 기대하는 중이다. 아직까지 번식 개체가 보이지는 않지만, 번식기에 들어선 성조가 2마리씩 어울려 다니는 것을 관찰했다. 제주도의 중산간 초지대가 몽골의 초원과 비슷하기 때문에 독수리의 번식이 아주 불가능한 일은 아니다. 앞으로 독수리의 새로운 활약을 기대해 본다.

군산 지역에서 구조된 독수리.

용수리 작은 습지가 품은 열대 새

희귀새 물꿩, 제주도에서 번식하다

제주도 사람들에게 태풍은 벗과 같다. 여름부터 가을까지 잊을 만하면 한 번씩 찾아온다. 예전에는 반갑지 않은 손님처럼 짜증이 먼저 났지만 이제는 반가운 면도 있다. 열대, 아열대에서 발생해 거센 비바람을 몰고 오는 태풍이 희귀한 새들도 몰고 오기 때문이다. 그래서 태풍이 오면 바빠진다.

태풍 타고 물꿩 부부가 왔다고?

2004년 7월이었다. 이름도 예쁜 태풍 '민들레'가 제주도에 상륙했

수련 위에서 먹이를 찾는 물꿩.

다. 고운 꽃씨를 흩뿌릴 듯 예쁜 이름이지만 태풍이라는 정체를 상기시키듯 강한 비바람이 차창을 후려쳤다. 제주도에서 내로라하는 새 보는 사람들은 모두 동서로 흩어져 희귀한 새들을 찾아 나섰다. 나와 남편도 예외는 아니었다. 장비를 챙겨 차를 타고 나섰다. 바다는 파도를 일으키며 성난 듯 달렸고 하늘에는 제비 한 마리 날지 않았다.

바닷가 근처를 헤매고 있을 때 남편에게 전화가 왔다. '그래, 올 것이 왔구나.' 그런데 남편은 한참 통화하더니만 얼굴에 웃음만 띨 뿐 아무 말이 없었다. 뭔가 있다면 말했을 텐데. 계속 침묵하며 어딘가로 바삐 차를 몰았다. 그리 급하게 갈 일이 뭐가 있나 싶어서 어디로 가는 거냐고 물었다. 남편은 말해 줄까 말까 장난스러운 눈짓을 보내며 계속 입을 다물었다. 갑자기 물보라가 튀면서 차가 흔들렸다. 도로 옆에 고였던 물을 그대로 차고 지나간 모양이다. 이렇게 속도 내는 것을 보면 뭔가 있긴 있는데…. 궁금증을 더 이상 참지 못하고 뭐냐고 물었다. 남편은 가보면 안다고 끝까지 얘기하지 않았다.

도착한 곳은 한경면 용수리였다. 용수저수지 쪽으로 향하는가 싶더니 작은 농로로 획 차를 돌렸다. 그리고는 작은 습지를 따라 천천히 차를 몰았다. 비가 세차게 때려 창문을 내릴 수 없었기에 비에 젖은 차창 밖으로 눈을 크게 뜨고 살폈지만 빗물 때문인지 아무것도 찾지 못했다. 습지를 지나치자 남편이 그제야 입을 열었다. 이 습지에서 한 쌍으로 보이는 물꿩이 관찰되었다니 잘 찾아보라는 것이다. 둥지 짓는 것 같은

물꿩이 번식했던 용수리 작은 습지 전경.

행동을 했단다. 우리나라에서 1993년 처음 관찰된 이후 기록이 드물던 물꿩이 설마 작은 습지에서 번식을 할까 싶어 농담하지 말라고 되받아쳤다.

놀라워라, 정말 번식하다니

제주도에서는 1998년에 처음 물꿩이 관찰되었는데, 우리가 물꿩을 처음 본 것은 2003년이었다. 뭘 믿고 그랬는지는 모르겠지만 남편은 물꿩을 보던 날부터 '분명히 제주도에서 번식할 것'이라는 말을 자주 했다. 이번에도 물꿩 두 마리를 보았다는 제보에 남편이 번식쌍으로 착각하고 있다는 생각이 들었다. 그러나 번식하고 안 하고는 그리 중요한 문제가 아니었다. 그때까지만 해도 물꿩은 희귀한 새였기 때문에 반드시 찾아서 기록을 남기고 싶었다.

왔던 길로 천천히 차를 몰며 눈을 더 크게 뜨고 습지를 살폈다. 비가 세차게 내리는데 키 큰 풀 뒤쪽에서 뭔가가 날아들었다. 물꿩이었다. 한 마리도 아니고 두 마리가 시야에 들어왔다. 크기 차이가 확연한 걸 보니 암수가 맞는 듯했다. 물꿩은 모양이나 색깔에는 암수 차이가 없지만 크기는 뚜렷하게 차이나는 종이라 암수라는 걸 직감했다. '정말로 번식했다면 어쩌지' 하는 생각이 들었다. 그동안 남편이 물꿩 얘기를 꺼낼 때마다 핀잔을 주었던 생각이 났기 때문이다. 슬그머니 남편을

빗속에서 먹이를 찾아다니는 물꿩.

쳐다보니 실실 웃기만 하며 물꿩을 지켜보았다. 나와 눈이 마주치자 물꿩에 집중하라고 손짓했다.

물꿩 한 마리가 마름 위를 성큼성큼 걸어서 어딘가로 가더니 주변의 마름을 가져다가 쌓았다. 마름 쌓는 행동은 분명 둥지 짓는 행동이다. 어린 개체들이 둥지 짓기 연습을 하는 것은 가끔 볼 수 있는데 그런 상황과는 달라 보였다. 쌓아 놓은 마름이 비에 자꾸 내려앉는지 이내 마름 쌓는 것은 포기하고 돌아다니며 먹이를 찾아 먹었다. 무언가 새로운 번식행동을 기대하며 계속 지켜보고 있었지만 별다른 것은 보지 못했고, 비가 내리는 날이어서인지 금방 어두워졌다. 우리는 태풍이 가져다준 선물에 감사하며 집으로 돌아왔다.

다음날 해 뜨기가 무섭게 옷을 챙겨 입고 용수리 습지로 향했다. 물꿩이 없으면 어쩌나 하는 생각에 안달이 났다. 다행히 물꿩은 그대로 있었다. 전날은 비가 와서 별로 경계하지 않았지만 비가 그쳐서인지 지나가는 차에 신경을 쓰는 눈치였다. 그래서 차를 멀찍이 세우고 살금살금 걸어서 습지 가장자리의 억새 뒤로 몸을 숨겼다. 그때부터 앉아서 물꿩의 일거수일투족을 관찰하고 촬영했다. 차가 사라지고 주변에 아무도 없다고 생각했는지 물꿩은 경계를 풀고 주변을 돌아다녔다. 키 큰 풀 뒤로 사라졌다가 다시 나타나는 것 말고는 별다른 행동변화 없이 서너 시간이 지났다.

지루했는지 하품이 나오고 배가 고파왔다. 일찍 나서느라 아침을

용수리 작은 습지에서 짝짓기 하는 물꿩 암수.
암수의 생김새는 비슷하지만 크기 차이는 확연하다.

1

2

먹지 않은 게 생각났다. 점심거리를 사오느라 20분 정도 자리를 비웠다. 돌아와 얼마 지나지 않아 수컷이 마름 쌓는 행동을 시작했다. 부지런히 마름을 쌓는 수컷 곁에서 암컷은 깃다듬기에 여념이 없었다. 해가 중천에서 서쪽 끝으로 기우는 동안 수컷은 쉴 새 없이 마름을 쌓았다. 예닐곱 시간이 지났을까. 옆에서 구경만 하던 암컷이 둥지로 가더니 소리를 냈다. 그리고는 수컷이 암컷의 등 위로 올라갔고 눈 깜짝할 사이에 짝짓기가 끝났다.

암컷은 둥지에 남아서 알 낳을 자리를 살폈다. 그날은 은밀한 장면을 들켜서인지 알을 낳지는 않았다. 다음 날 초콜릿 같은 진한 갈색 알 하나를 낳았다. 그 이후로 더 이상 알은 낳지 않았고, 며칠 후에 수컷은 하나뿐인 알을 부리로 물고 다른 곳으로 옮겼다. 둥지가 자꾸 밑으로 가라앉아 물에 잠겨서 피신시키는 모양이었다. 다음 날 가 보니 알은 다시 둥지에 놓여 있었지만, 암수는 알만 덩그러니 남기고 사라졌다. 이번 물꿩 번식은 실패로 끝났지만 알을 낳았다는 것으로 우리나라 최초의 번식사례가 되었다.

수컷 품에서 새끼 네 마리가 깨어나다

그 후 여름이 되면 숲과 계곡으로 새를 보러 다니다가도 아쉬움이 남아서인지 자꾸 발길이 용수리 쪽으로 향했다. '혹시나' 하는 마음에

1 마지막 알 하나가 부화를 기다리고 있다.
2 둥지가 있었던 자리에서 부모를 기다리는 새끼들.

가보지만 '역시나' 하며 돌아오곤 했다. 2006년 6월 어느 날도 용수리를 찾았다. 장마철이지만 그날은 날씨가 좋았다. 용수리에 도착하자마자 번식했던 습지로 향했다. 아무것도 없었다. 그곳에서 바로 빠져나와 용수리 농로를 따라 천천히 차를 몰고 가는데 지금은 농사를 짓지 않아 잡초가 우거진 논에 물꿩 네 마리가 있었다. 암컷 한 마리에 수컷 세 마리로 일처다부제인 물꿩의 번식습성에 딱 들어맞는 조건이었다. 그러나 이 물꿩들이 머무는 논은 먹이를 찾아 먹는 장소라면 모를까 번식지로는 적합하지 않았다.

일단 번식쌍이 확인되었으니 번식할 것이라는 확신이 섰다. 물꿩을 한참 관찰하는데 한 마리가 날아올라 2년 전 번식에 실패했던 습지 쪽으로 향했다. 서둘러 그 습지로 갔다. 아니나 다를까, 물꿩 한 마리가 내려앉아 있었다. 주변을 두리번거리더니 마름을 쌓기 시작했다. 2004년에 둥지를 만들었던 곳에서 1m 정도 뒤쪽이었다. 이윽고 암컷으로 보이는 다른 한 마리도 나타났다. 그날은 둥지 짓기에 하루를 다 보냈다. 그리고 며칠 동안 사랑을 나누며 암컷이 예쁜 알 4개를 낳았고 수컷이 열심히 알을 품었다. 암컷은 알만 낳고는 며칠 동안 둥지 주변을 얼쩡거리며 먹이를 찾아 먹고 깃을 다듬다가 사라졌다.

물꿩은 부성을 상징하는 새로, 알을 품고 새끼를 먹이는 육아를 수컷이 전담한다. 수컷은 땡볕이 내려쬐는 날은 물론이고 비가 오나 바람이 부나 잠시 먹이를 찾아 둥지를 떠나는 일 외에는 항상 둥지에 붙어

새끼가 날개를 펼치며 기지개를 켠다.

있었다. 알을 품은 지 20여 일이 지나 귀엽고 예쁜 새끼 네 마리가 깨어났고 솜털이 마르자마자 둥지 가까이에서 수컷의 보호를 받으며 걸어 다녔다. 그 후 한 달 반 정도, 수컷은 그 좁은 습지에서 무럭무럭 자란 새끼들을 데리고 떠났다. 습지를 떠날 때 새끼 한 마리는 보이지 않았다.

물꿩은 부성을 상징하는 새로, 수컷이 새끼를 데리고 다니며 돌본다.

특별한 저어새, 그보다 더 특별한 제주도

눈 속에서 저어새를 볼 수 있는 유일한 곳

저어새는 제주도를 비롯해 대만, 홍콩, 일본, 마카오 등지에서 겨울을 지낸다. 이들 지역 중 대만에 가장 많은 개체가 월동하는데 1천여 마리 정도 된다. 대만에서도 남쪽에 해당하는 타이난 지역은 겨울이 되면 저어새를 보려는 사람들로 북적인다. 대만 정부는 저어새가 월동하는 지역을 저어새보호구역으로 지정하고 대대적인 보호정책을 폈다. 또한 보호구역을 생태관광자원으로 인식하고 탐조대, 저어새 관련 관광상품 등 편의시설 및 볼거리를 마련했다. 이 시설물과 관광상품은 지역 주민들이 관리 및 판매해 지역경제 활성화에도 한 몫 하고 있다. 저어새가 본격적으로 월동하는 11월부터 이듬해 3월까지 5개월 동안 50

붉은 노을빛 속에 쉬고 있는 저어새들.

만 명이 다녀간다니 정말 놀라운 일이다. 대만은 저어새를 관광에 활용하면서 보호까지 하는, 그야말로 두 마리 토끼를 모두 잡은 셈이다.

대만 탐조인들의 소원은 흰 눈 속의 저어새

하지만 월동하는 저어새를 충분히 볼 수 있는 대만 탐조인들에게도 소원이 있다니 그것은 바로 흰 눈 속의 저어새, 제주도에서 월동하는 저어새를 보는 것이다. 특별하고 소중한 저어새가 겨울 제주도에서 더욱 특별해지는 이유다.

저어새는 전 세계적으로 2천여 마리밖에 남아 있지 않은 멸종위기종이다. 10년 전만 해도 전 세계적으로 600여 마리만 남았다고 파악되어 절멸 위기로 여겼던 새였으며, 그로 인해 국제적으로 주목을 받았고, 한 마리 한 마리가 소중한 존재였다. 따라서 20여 마리가 월동하는 제주도 역시 국제적인 관심지역으로 떠올랐다. 저어새를 보호하기 위한 국가간 네트워크가 형성되었고, 저어새가 서식하는 국가에서 세미나 및 워크숍이 개최되었다. 이런 행사가 끝나고 나면 어김없이 저어새 서식지를 둘러보게 되는데, 제주도도 빼놓을 수 없는 코스 중 하나였다.

대만에서 저어새를 보호하기 위해 만든 단체인 '해피 패밀리'HAPPY FAMILY를 처음 만난 것도 제주도에서다. 겨울철 저어새 관련 국제 워크

흰 눈 속의 저어새를 볼 수 있는 점이
제주도 저어새 관찰의 매력이다.

대만 탐조인들의 소원이 눈 속의 저어새를 관찰하는 것이다.

숍이 우리나라에서 개최되었고 대만 관계자들이 참석했다. 행사가 끝난 뒤 해피 패밀리 회원들이 제주도의 저어새 월동지를 보고 싶으니 안내를 부탁한다는 전화를 했다. 흔쾌히 수락은 했지만 '대만에서 저어새를 실컷 보았을 텐데 왜 제주로 오나?' 하고 시큰둥하게 생각했다. 저어새가 아니라 관광이 목적 아닐까 하는 생각도 들었다.

해피 패밀리를 성산포에서 만나기로 한 날이 되었다. 저어새의 위치를 파악하고 그들을 안내했다. 새는 사람들의 출입에 영향을 받지 않을 정도로 멀리 있었는데, 그들은 저어새가 있다는 말에 숨을 죽이고 자세를 낮추었다. 그럴 필요까지 없다고 해도 자세를 바꾸지 않았다. 저어새가 보이자 망원경과 카메라를 꺼내 쪼그리고 앉아 관찰하기 시작했다. 30분이 지났을까. 이제는 실컷 보았겠지 싶어 다른 장소로 가자고 손짓을 했다. 그러나 그들은 꼼짝도 하지 않았다. 저어새를 본 지 1시간쯤 지났을 때 한 명이 다가와서 먹을거리 살 곳을 알려달라고 했다. 새를 더 봐야 하기 때문에 점심을 여기서 대충 때워야겠다고 했다. 그들에게 제주도는 쉽게 올 수 없는 곳이기에 1분 1초가 아까운 모양이었다. 그들은 그곳에서 하루 종일 저어새를 보았다.

나는 저어새에 대한 그들의 열정에 감동받았다. 그리고 제주도에 머물면서 쓰는 경비는 개인적으로 마련한 것이라는 말을 들었을 때는 탄성이 나왔다. 저어새가 뭐기에 돈을 모아 일부러 이곳을 찾는단 말인가. 그들은 꼬박 3일을 저어새만 보다가 대만으로 돌아갔다. 그 전

넓적한 부리를 좌우로 저으며 먹이를 찾는다.

월동지의 지는 태양과 어우러진 저어새들이 아름답다.

까지만 해도 별 생각 없이 보호해야 하는 대상으로만 여겼던 저어새가 더 특별하게 보였고, 저어새가 월동하는 제주도가 그보다 더 특별해 보였다.

저어새를 통한 만남은 나를 비롯해 제주도에서 새를 보러 다니는 사람들에게 새로운 눈을 갖게 했다. 지금까지 이 만남은 계속되고 있다. 그리고 우리도 각각 경비를 모아 대만 저어새 보호구역을 다녀왔다.

조개 잡는 할머니 차림으로 가까이 갈 수 있어

저어새는 성산포, 오조리, 하도리, 종달리에서 겨울을 지낸다. 성산포, 오조리, 하도리는 주로 휴식을 취하는 곳이고 종달리는 먹이를 찾는 곳이다. 제주도 겨울바람은 저어새들에게도 매서운가 보다. 저어새들이 쉬는 장면을 자주 보게 되는 것도 이런 이유일 것이다. 성산포는 내만이었다가 갑문 다리가 생기면서 저수지 형태가 되었고, 양어장으로 이용되면서 성산포양어장으로 불리게 되었다. 양어장을 동에서 서로 가로질러 제방이 있고 그 서쪽에 해송숲이 있는데, 마을과 떨어져 있는 해송숲에서 저어새들이 쉰다. 갈대밭이 넓은 고성천 하류에서도 일부가 쉰다.

하도리에서는 양어장으로 이용되던 저수지가 하도리 철새도래지로 알려졌다. 이 저수지 동쪽에 수로가 있고 수로 주변으로 갈대밭이 있

하도리에서 쉬고 있는 저어새들.

다. 대부분 농경지이기 때문에 겨울에는 사람들이 거의 이용하지 않아 갈대밭이 저어새가 방해받지 않고 쉬기에 적합하다. 최근에는 저수지 내 돌섬에서 쉬는 장면도 목격된다.

종달리는 모래 해안이 넓다. 작은 저수지에서 흘러나오는 물길이 있어 저어새가 먹이를 잡기에도 유리하다. 종달리에서는 2월부터 저어새가 먹이를 잡기 시작한다. 월동을 끝내고 번식지로 가려면 영양분을 비축해야 하기 때문에 휴식을 마친 저어새들이 먹이 사냥이 유리한 종달리로 모여든다. 자신의 다리 길이보다 얕은 물에서 주걱모양 부리를 저어가며 삼삼오오 먹이를 찾는 광경을 보면 왈츠라도 추는 것처럼 우아하고 때로는 재미있다.

때때로 머리에 수건을 쓴 조개 잡는 할머니의 등장에 잠시 멈칫하지만 이내 다시 먹이 사냥에 여념이 없다. 저어새를 좀 더 자세히 관찰하고 싶다면, 머리에 수건을 쓰고 손에 소쿠리를 들고 새에게 조금씩 다가가 보라. 저어새는 당신을 조개 잡는 할머니로 알고 경계하지 않을 것이다. 이 방법으로 효과를 본 사람들이 더러 있으니 검증된 방법이라 할 수 있다.

중간기착지 제주도에 내려앉은 각국의 저어새들

저어새는 제주도를 중간기착지로 이용하기도 한다. 이런 개체들은

종달리 모래 해변에서 먹이를 찾고 있다.

4월 번식지를 찾아가다가 잠시 두모리 습지에 머물던 무리.

종종 예쁜 번식깃가슴과 머리의 장식깃이 노랗게 변함을 하고 있기 때문에 보는 즐거움이 두 배가 된다. 대만에서 월동을 끝낸 저어새들은 번식기에 우리나라 서해안 무인도로 되돌아온다. 바다를 건너다 날씨가 좋지 않거나 에너지 소모가 클 경우 제주도에 내려앉게 되는데 보통 4월에 그런다. 제주도에서는 번식깃을 한 개체를 볼 기회가 드물기 때문에 많은 사람들로부터 대대적인 환영을 받는다. 한 번은 대만에서 가락지를 단 개체T37가 제주도에서 관찰되기도 했다.

가끔 엉뚱한 계절에 저어새가 나타나기도 한다. 2005년 여름으로 들어서는 6월 경 제주도 서부지역인 한경면 용수리 논에 저어새 한 마리가 나타났다. 다리에 일본에서 부착한 가락지J11가 있었다. 유조였던 이 저어새는 6월에 찾아와서 겨울까지 지내다 떠났다. 2008년 6월에 나타난 또 한 마리는 다리에 J15라는 가락지를 달고 있었다. 일본에서 온 저어새들은 철 모르는 것들이 많은가 보다.

요즘 저어새가 월동하는 성산포는 하루도 편할 날이 없다. 올레길 때문이다. 성산포는 올레 2코스에 해당되는 곳으로 철새도래지를 끼고 있었다. 저어새를 비롯해 겨울 철새들이 휴식을 취하는 곳 바로 옆으로 사람들이 지나가기 때문에 한시도 마음 놓고 쉴 수 없게 되었다. 철새를 보호한다는 취지로 10월부터 이듬해 4월까지 한시적인 폐쇄조치가 취해지기는 했지만, 일부 막무가내 올레꾼들의 출입과 폐쇄 구간을 알리는 간판이 제 구실을 못하면서 저어새와 겨울 철새들은 하나 둘 성산포를 떴다. 저어새를 보려고 제주도를 찾아온 외국 탐조인들에게 자랑스럽게 보여주던 성산포는 옛말이 되어버렸다.

2010년 11월 27일 러시아에서 가락지RU17를 달고 날아온 저어새는 2010년 겨울을 제주도에서 보내고 떠나기 싫었는지 2011년 7월까지 있었다. 제주도에서 월동하는 저어새의 출생의 비밀을 풀어준 기특한 녀석이다. 러시아의 프르겔름 섬이 이들 저어새의 고향이었다.

©강희만

성산읍 철새도래지 전경.

16일간 알 품기, 17일간 새끼 먹이기 대장정

붉은부리찌르레기의 제주 번식과정 관찰기

인연은 정말 우연히 찾아오나 보다. 생각지도 못했던 곳에서, 생각지도 못했던 인연을 만나니 정말 세상살이가 신기할 뿐이다. 갑자기 웬 인연 타령이냐고? 정말 뜻밖의 붉은부리찌르레기를 만났기 때문이다.

2007년 5월 말이었다. 남편에게 전화가 왔다. 통화 내용을 들어보니 누군가의 부음을 알리는 듯했다. 전화를 끊은 남편은 예전에 환경단체 모임에서 알게 되어 같이 일도 했던 분이 부친상을 당해 가봐야겠다고 했다. 장소는 한림읍 한림리에 위치한 절이란다. 나는 얼굴만 알던 사이인데 같이 가야 할지 물었다. 남편은 새를 보러 용수저수지 쪽으로 가다가 같이 들르자고 했다.

붉은부리찌르레기는 겨울에 적은 수의 무리가 보이곤 했었다.

한림리에서 만난 한 쌍 보며 번식 추정

다음 날 아침, 제주시에서 출발해 해안을 따라 천천히 차를 몰아 새를 보면서 한림리로 향했다. 철새 이동 막바지라 해안에는 새들이 그리 많지 않았다. 바다도 구경하고 새와 나무, 사람도 구경하면서 유람하듯 차를 몰아 한림리에 도착했다. 한림리는 주로 겨울에 포구나 해안으로 새를 보러 오던 곳이어서 5월의 풍경이 생소했다. 옹포천이 시원하게 흘렀고, 물이 맑고 깨끗해서인지 미나리를 많이 재배하고 있었다. 차 한 대가 겨우 지나다닐 수 있는 농로를 따라 천천히 차를 몰았다. 혹시

맑은 물이 흐르는 옹포천.

도요가 있지 않나 농로 주변 미나리밭과 습지를 찬찬히 살폈다.

쇠백로가 미나리밭에서 물장난을 하다 놀라서 날아 올랐다. 농로에 들어선 지 채 1분도 되지 않았는데 남편이 차를 세웠다. 그리고는 쌍안경을 들고 창밖을 살폈다. 무슨 새를 본 것 같은데 묻는 말에 대답도 하지 않고 계속 쌍안경만 들여다보았다. 눈으로 본 새가 갑자기 사라져 그것을 찾는 듯했다. 얼마 후 쌍안경을 눈에 댄 채 남편이 말했다. 붉은부리찌르레기가 보이는데 뭔가 이상하단다. 붉은부리찌르레기라면 겨울에 간간히 보이던 새가 아니던가. 2002년부터 매해 겨울이면 1~2마리, 많게는 십여 마리까지 관찰되던 새라 이제는 신기할 것도 없었다. 그런데 뭐가 이상하다는 건지.

남편이 머리를 갸우뚱거리며 손가락으로 가리켰다. 나는 쌍안경을 들어 남편이 가리키는 곳을 살폈다. 붉은부리찌르레기가 두 마리 있었다. 한 마리는 미나리밭에 서 있는 나무막대 위에 있었고, 다른 한 마리는 미나리를 보호하려고 쳐 놓은 그물 위에 있었다. 나무막대 위에 앉아 있던 붉은부리찌르레기가 '휘리릭' 날아서 땅 위로 내려앉았다. 그때 갑자기 빵빵거리는 자동차 경적소리가 크게 들렸다. 차 한 대 겨우 다닐 정도의 농로였기 때문에 비켜줄 곳도 마땅치 않아서 일단 그곳을 빠져나왔다.

길을 비키면서 남편에게 붉은부리찌르레기 두 마리가 뭐가 이상하냐고 물었더니 시기적으로 번식을 생각해 볼 수 있지 않겠느냐고 했다.

특히 그 두 마리는 암컷과 수컷으로 보인다고 했다. 가능성이야 있지만 우리나라에서 붉은부리찌르레기가 관찰되기 시작한 게 7~8년 전부터인데 번식 가능성을 운운한다는 게 너무 이르다는 생각이 들었다. 다시 왔던 길을 돌아 붉은부리찌르레기가 보였던 미나리밭으로 갔다. 그 짧은 사이에 이미 붉은부리찌르레기는 사라지고 없었다. 근처에 있나 싶어 눈을 크게 뜨고 새를 찾았으나 또 뒤에서 빵빵거리며 차가 달려왔다.

붉은부리찌르레기를 찾아 50m도 안 되는 농로를 대여섯 번 왔다 갔다 하니 미나리밭에서 일하던 아저씨가 이상한 눈으로 쳐다보았다. 이쯤 해서 그만두고 다른 데로 가서 새를 보자고 남편을 재촉했다. 남편은 아쉬움이 남는지 마지막으로 한 번만 더 보고 가자며 다시 농로로 진입했다. 같은 장소를 계속 도는 게 지겨워 멍하니 창밖을 바라보고 있던 나에게 남편이 소리를 질렀다.

"멍하게 창밖을 바라보지만 말고 새를 찾으라고!"

나는 '멍하게'라는 말에 맘이 상해 너무 심하지 않느냐고 막 퍼부어 대려는 찰나 남편이 손가락으로 어딘가를 가리켰다. 미나리밭 한가운데 세워진 나무 막대와 그물 위에 암컷과 수컷이 보였다. 그런데 정말 이상했다. 수컷이 부리에 마른풀 줄기 같은 것을 물고 있는 게 아닌가. 둥지 재료일까? 아니면 먹이를 찾다가 우연히 부리에 묻은 것일까? 먹이를 찾다가 우연히 묻은 것 치고는 양이 너무 많았다. 붉은부리찌르레

한림리에서 만난 붉은부리찌르레기 한 쌍.
인근 미나리밭에서 둥지 재료를 찾고 있었다.

기가 날아올랐다. 쌍안경으로 쫓으며 날아가는 방향을 확인했다. 한림항 쪽으로 날더니 이내 시야에서 사라졌다. 우리도 얼른 차를 몰아 새가 사라진 곳으로 이동했다. 그러나 그날은 둥지도, 붉은부리찌르레기도 다시 보지 못했다.

30여 일의 번식 대장정 관찰하고

3일 후 다시 한림리를 찾았다. 꼭 둥지를 찾겠다는 일념으로 아침 일찍부터 차를 달렸다. 일단 한림항 근처로 가서 번식할 만한 장소를 찾아보기로 했다. 한림리에 도착하기 전까지는 막막하기만 했다. 그런데 쉽게 단서가 잡혔다. 전깃줄에 앉아 있는 찌르레기를 발견한 것이다. 붉은부리찌르레기였으면 하는 바람으로 쌍안경을 들이댔지만 그냥 찌르레기였다. 그런데 순간 찌르레기가 물고 있는 둥지 재료가 눈에 들어왔다. 근처를 둘러보니 허름한 창고 건물이 있었다. 얼른 차를 돌려 창고로 향했다. 찌르레기가 둥지를 튼다면 붉은부리찌르레기도 둥지를 틀지 않을까 하는 생각이 번뜩 들었기 때문이다.

창고에서 멀찌감치 떨어져 주변을 살폈다. 둥지 재료를 물고 전깃줄에 앉아 있던 찌르레기가 처마 밑으로 날아 들어갔다. 찌르레기가 둥지를 짓고 있는 것은 확실했다. 일단 창고로 가보기로 했다. 창고에는

찌르레기, 참새, 그리고 붉은부리찌르레기가 둥지를 튼 창고 처마.

비료가 잔뜩 쌓여 있었고 창고 옆 농기계수리센터에는 사람들이 분주하게 들락거렸다. 그리고 참새들도 처마 밑으로 분주하게 들락거렸다.

그 창고 처마는 참새들의 보금자리이기도 했다. 10쌍이 넘는 참새들이 들락거렸고 찌르레기 서너 쌍도 처마 밑으로 사라졌다 나타났다 하는 모양이 새들의 아파트였다. 농기계수리센터 지붕을 무심히 쳐다보았다. 그 순간 깜짝 놀랐다. 붉은부리찌르레기 수컷이 있는 게 아닌가. 수컷은 둥지를 다 지었는지 부리에는 아무것도 없었고 좀처럼 움직이지 않았다. 시간이 참 더디게 간다는 생각이 들었다. 나는 녀석을 빤히 쳐다보고 녀석은 두리번거리다 나랑 눈이 마주치고, 본의 아니게 눈싸움을 했다.

창고 옆에 서 있는 커다란 멀구슬나무 아래로 몸을 숨겼다. 낯선 자의 방문을 경계할지 모른다는 생각이 들어서다. 나무 아래로 몸을 숨긴지 얼마 지나지 않아 수컷이 처마 밑으로 날아 들어갔다. 수컷은 경계를 풀었는지 그 후로 여러 번 처마 밑을 들락거렸다. 그런데 암컷은 한 번도 보이지 않았다. 아마도 둥지를 완성해서 알을 낳고 포란하는 모양이었다. 수컷이 들락거렸던 처마를 쳐다보며 그래도 붉은부리찌르레기의 첫 둥지 자리를 본다는 생각에 기분이 좋았다. 그것도 우리나라 최초의 번식이 아니던가.

보름 후 다시 그곳을 찾았다. 이번에는 암수가 모두 보였다. 새끼가 부화한 모양인지 부리에는 먹이로 보이는 것을 물고 처마 밑으로 들어

1 큰 거미를 물고 지붕에서 주변을 살피는 수컷.
2 새끼에게 줄 먹이를 물고 있는 암컷.

1
2

둥지를 떠나기 직전의 새끼들.

갔다. 일주일 후 다시 찾았다. 어미들은 더욱 바쁘게 둥지를 오가며 새끼를 키우고 있었다. 지난번에 왔을 때는 먹이가 작아 구분이 안 되더니 이번에는 제법 큰 먹이를 잡아다 먹였다. 주로 거미와 곤충이었다. 새끼들도 어느 정도 자랐는지 부모가 둥지를 들락거릴 때마다 소리를 냈다. 아직 새끼들의 모습은 보이지 않았지만 안전하게 자라고 있음을 확인한 후 돌아왔다.

그 후 이틀에 한 번씩 둥지를 찾았다. 어느 날은 새끼들이 많이 자랐는지 어미새가 들어오자 고개를 쭉 빼고 먹이를 받아먹었다. 그 바람에 새끼들을 보게 되었다. 이제 둥지를 떠날 때가 되어 보였다. 7월 2일 새끼들이 둥지를 떠났다. 2007년 5월 29일 둥지 짓는 모습이 발견되어 7월 2일까지 16일간의 포란, 17일 간의 새끼 먹이기 등 30여 일의 대장정이 끝났다.

한반도 중남부 지역의 최초 번식 기록

힝둥새, 한라산 정상에서 번식하다

여름 더위가 맹위를 떨치는 7월의 마지막 날이었다. 새 조사하러 한라산 백록담에 가야 한다고 노래를 부른 게 몇 달 전인 것 같은데 그때까지 차일피일 미루며 한라산 정상을 눈으로만 바라보고 있었다. 그러다가 드디어 기회가 왔다. 한라산 정상을 향해 헬리콥터가 뜨는데 그걸 얻어 탈 기회가 생긴 것이다. 한라산은 헬리콥터를 이용하면 정상까지 5분도 채 걸리지 않기 때문에 시간여유가 있지만, 걸어서 간다면 하루는 정상에서 잠을 자야 새를 조사할 수 있는 곳이다.

한라산 정상 백록담 풍경.

헬리콥터 타고 한라산 정상으로

남편과 나는 얼른 쌍안경과 카메라 등 조사 가방을 꾸리고 헬리콥터가 있는 한라산 중턱의 모 연구소에서 운영하는 고랭지시험포로 차를 몰았다. 헬리콥터가 언제 출발할지 몰라서인지 이른 아침부터 고랭지시험포에는 많은 연구원들이 모여 있었다. 동물, 식물, 토양, 기상과 관련한 연구원들로 안면이 있는 사람들이었다. 간단히 인사를 나누고 기장을 기다렸다. 2시간이 지났을까? 연구원 중 한 명이 전화를 걸더니 기장이 거의 다 왔으니 조금만 더 기다리자고 했다.

10여 분이 지나자 낯선 사람들이 걸어왔다. 아마도 기장인 듯했다. 한 연구원이 그들과 잠시 대화를 나누더니 심각한 얼굴로 돌아왔다. 기장이 시험운항을 해보고 정상에 갈 수 있을지 결정해야 한다고 했다. 고랭지시험포에는 바람 한 점 없어 헬리콥터가 뜨는 것에 대해 아무도 걱정하지 않았는데, 못갈 수도 있다는 말에 다들 놀란 눈치였다. 정상 부근에 바람이 심할 경우 위험하기 때문에 운항하지 않는다고 했다.

제발 정상에 바람이 불지 않기를 바라며 하늘로 떠오르는 헬리콥터를 쳐다보았다. 10초, 20초… 그리 길지 않은 시간이었지만 참으로 길게 느껴졌다. 1분 정도 지나자 헬리콥터가 내려오는 소리가 들리고 얼른 짐 챙겨서 타라는 외침이 들려왔다. 꼴찌로 가면 못 타기라도 할까봐 다들 열심히 달려 헬리콥터 안으로 들어갔다. 이내 헬리콥터는 하

헬리콥터에서 내려다본 한라산 관음사 코스

늘로 올라갔고 옆에 있던 남편이 한마디 던졌다. "김은미, 남편 때문에 출세했네. 헬리콥터도 타보고!" 우스갯소리였지만 100% 진실이었다. 남편의 인맥이 아니었다면 어떻게 헬리콥터 탈 기회가 있었겠는가. 헬리콥터는 7월 한라산의 속살을 다 보여주며 날아갔고 5분도 안 돼 정상에 도착했다.

©강희만

백록담과 그 주변, 처음으로 조사하다

아침이라 한라산 정상에는 사람들이 별로 없었다. 연구원들은 짐을 챙겨들고 뿔뿔이 흩어졌다. 나와 남편, 그리고 야생동물 연구원은 백록담 안으로 발걸음을 옮겼다. 백록담은 아무나 들어갈 수 없는 곳이지만 조사를 위해 미리 허락을 받아 두었다. 그렇지만 우리가 백록담에 들어간 것을 등산객들이 보고 따라 들어올 것을 염려해 안으로 들어가자마

자 몸을 숨길 수 있는 바위를 따라 걸으며 조사했다. 7월이라 아름다운 꽃들이 여기저기 피어 있었고 벌, 나비 등 곤충들이 바쁘게 움직이고 있었다. 새를 조사하러 간 것이지만 백록담 안에서 이런 곤충들을 볼 기회가 앞으로 또 있을까 싶어 보이는 것들을 모두 사진에 담았다.

백록담 안에는 의외로 새들이 별로 없었다. 독특한 새들이 번식하고 있을 것이라고 기대했던 만큼 실망도 컸다. 휘파람새, 멧새, 노랑턱멧새, 진박새, 뻐꾸기 정도가 관찰되었을 뿐 별 소득 없이 돌아다니다 잠시 쉬려고 바위 아래 앉았다. 가지고 간 물을 꺼내 벌컥벌컥 들이마시는데 가늘고 예쁜 금속성 소리가 들려왔다. 쌍안경을 들고 주변을 살피니 딱새 수컷 한 마리가 꼬리를 까딱이며 몇 m 떨어진 바위에 앉아 있었다. 나와 남편은 딱새를 보자마자 놀란 듯 서로를 쳐다보았다. 육지에서는 여름에 흔하게 번식하지만 제주도에서는 겨울에나 보이는 새인데 여름에 여기서 뭐하나 싶어서였다.

시기가 시기인 만큼 번식이 확실해 보였으나, 딱새가 갑자기 절벽 아래로 날아 내려갔기 때문에 둥지 찾기는 하지 않았다. 아마도 절벽 근처에서 번식하는 듯했다. 딱새를 만나 약간 기운을 얻은 우리는 다시 여기저기 살피며 조사했다. 그물을 쳐서 포획조사도 병행했다. 그늘에서 가지고 간 김밥으로 점심을 대충 먹고 그물을 지키며 앉아 있었다. 그물에도 걸리는 새가 별로 없었다. 내려가야 할 시간이 다가왔다.

힝둥새가 번식하던 정상부

예쁜 새끼 네 마리를 키우는 힝둥새 부부

다른 연구원들은 벌써 내려간 상태였다. 우리도 내려가면서 등산로 주변 새를 볼 생각으로 조금 일찍 출발 채비를 했다. 백록담에서 나와 정상이라는 표지가 있는 곳으로 가 백록담 내부를 사진에 담았다. 그리고 등산로로 막 발걸음을 내딛는데 새 한 마리가 등산로를 가로질러 '휘리릭' 날아갔다. 새는 등산로에서 30여m 떨어진 바위 위에 앉았다. 남편은 새를 못 본 모양인지 계속 내려가고 있었다. 자세히 보니 힝둥새였다.

지금 시기에 힝둥새가 보인 것도 신기하지만 더 놀라운 일은 그 다음에 벌어졌다. 힝둥새가 무엇인가를 물고 있는 것이 아닌가. 아마도 곤충인 듯한데 지금 시기에 부리에 무언가를 물고 있다는 것은 새끼를 먹이고 있다는 뜻이다. 힝둥새는 사람들이 안중에 없는지 잠시 주변을 두리번거리다가 풀밭 속으로 들어갔다.

한라산 정상 부근 바위 위에서
짝을 찾아 지저귀는 힝둥새.

나는 얼른 남편을 불러 세웠다. 그새 남편은 멀리 내려가 있어 내 목소리를 못 들었는지 계속 앞으로 걸어갔다. 나는 뛰어가 조금 전의 상황을 말해주었다. 남편은 내 말을 듣자마자 둥지를 찾아야 한다며 다시 정상 쪽으로 발걸음을 옮겼다.

이미 힝둥새는 사라지고 없었다. 힝둥새가 앉았던 바위가 잘 보이는 등산로 근처에 서서 다시 나타나기를 기다렸다. 멀리 먹이를 잡으러 갔는지 좀처럼 나타나지 않았다. 30여 분이 지나자 또다시 그 바위에 날아와 앉았다. 그리고는 주변을 살피다가 다시 풀밭 속으로 사라졌다. 남편은 얼른 짐을 내리고 카메라만 들고는 바위 주변을 살피기 시작했다. 초지와 관목이 어우러져 자라는 곳이었다. 땅 위에 둥지를 튼 것이라면 잘못하다 밟을 수 있기 때문에 조심조심 발을 옮기며 둥지를 찾았다. 둥지를 어디다 꽁꽁 숨겼는지 도무지 찾을 수가 없었다.

힝둥새가 먹이를 물고 돌아올 시간이 되었기 때문에 남편은 다시 등산로로 되돌아왔다. 그런데 이번에는 먹이를 물지 않고 나타났다. 어찌 된 것일까. 힝둥새는 주변을 경계하는 듯 하늘로 날아올라 지저귀는 행동을 했다. 둥지로 들어갈 생각은 별로 없는 듯했다. 아마도 낯선 자가 둥지 주변을 얼쩡거리자 수컷이 둥지를 지키기 위해 경계하는 모양이었다. 이내 암컷으로 보이는 어미가 먹이를 물고 날아왔다. 그리고는 바위에 앉았다가 다시 풀밭으로 내려갔고, 곧 부리에 배설물을 물고 나타났다가 사라졌다.

1 나뭇가지에서 주변을 살핀다.
2 땅에서 먹이를 찾는다.

1

2

눈향나무 뒤에 숨어 경계한다.

1 새끼들이 부리를 벌리고 어미새를 기다리고 있다.
2 새끼들에게 먹이를 먹이는 어미새.

어미새가 사라지자 남편은 다시 조심조심 둥지를 찾아 나섰다. 그리고는 드디어 찾았다. 힝둥새는 교묘하게도 먹이를 물고 둥지로 바로 들어가지 않고 근처 바위에 앉아 주변을 살핀 뒤 걸어서 둥지로 들어갔다가 다시 걸어서 나와 둥지에서 멀리 떨어진 곳에서 날아올랐던 것이다. 힝둥새는 예쁜 새끼 네 마리를 키우고 있었다. 새끼들은 거의 둥지를 떠날 수 있을 정도로 자라 있었다. 남편은 카메라로 새끼 사진을 찍은 후 새끼와 어미 모두를 찍기 위해 캠코더를 둥지 근처에 설치하고 풀로 위장했다. 다행히 어미새는 캠코더가 설치된 것을 모르는지 10여 분 간격으로 들어와 새끼 네 마리에게 골고루 먹이를 나눠주었다.

더 관찰하고 싶었지만 산에서는 해가 빨리 지기 때문에 발길을 돌렸다. 여름이라 해도 너무 늦은 시간에 정상에서 출발한 탓에 등산로 입구에 도착했을 때는 한참 어두워져 있었다. 힘들었던 만큼 뿌듯한 하루였다. 이번 힝둥새의 번식 확인은 남한, 특히 한반도 중남부 지역에서의 최초 기록이었다.

태풍 타고 1천100km 이상 날아온 귀한 손님

94년 만에 우리나라에 온 큰제비갈매기

2011년 6월 26일, 태풍 메아리가 지나간 뒤. 전날 약속이 있어 제주시에서 하룻밤을 보내고 서귀포로 넘어가는 길에 해안을 따라 차를 몰았다. 태풍이 지나고 나면 희귀한 새가 나타날 가능성이 높아서 살피며 가려는 것이었다. 16개월 된 아들은 엄마, 아빠랑 차를 타고 돌아다니는 것을 좋아해서 신이 나 있었다. 그런 아들 때문에 남편도 덩달아 신이 났다.

재검토 필요하던 미기록종 발견하고

장마철이지만 태풍이 지나간 다음이라 그리 후덥지근하지는 않았다. 태풍 여파인지 아직도 바다는 거센 파도를 뿜어내며 이리저리 내달리고 있었다. 하얀 포말이 바위에 부딪쳐 신음소리를 내며 쓰러졌다. 그 모습에 아들은 신이 났는지 박수를 쳐댔다. 바다 위에 별다른 움직임은 없었다. 부표 위를 유심히 살폈다. 간혹 태풍을 피해 지친 날개를 쉬는 희귀한 새들이 보이기 때문이다. 남편이 갑자기 차를 세우더니 쌍안경을 들이댔다. 부표에 뭔가 있는 것 같다면서 뚫어져라 창밖을 바라보았다. 아들은 갑자기 차가 멈추자 소리를 질렀다. 빨리 가자는 표현이다. 다행인지 아닌지는 모르겠지만 부표에는 아무 것도 없었고 차를 움직이자 아들도 잠잠해졌다.

해안을 따라 천천히 가는 터라 제주시에서 출발한 지 한 시간이 지났는데도 애월읍을 벗어나지 못하고 있었다. 곽지해수욕장을 지나자 물새를 보러 자주 들르는 애월읍 금성리해안이 나타났다. 큰 다리를 지나 바로 옆으로 난 작은 농로를 따라 해안으로 차를 몰았다. 봄과 가을에는 도요물떼새며 노랑부리백로 등 다양한 새들이 관찰되는 곳이지만 여름이 되면 가끔 흑로가 출현하는 정도라서 잘 들르지 않는 곳이다.

바다가 한눈에 바라다보이는 곳에 차를 세웠다. 아들이 또 소리를 질러댔다. 아들을 진정시키느라 진땀을 빼고 있는데 남편은 계속 바다를 바라보면서 열심히 새를 찾았다. 언뜻 해안 가까이에서 파도 위를 날아다니는 새들이 보였다. 남편이 쇠제비갈매기가 보인다고 했다. 제주도에서는 쇠제비갈매기도 무척 희귀한 새라서 카메라를 들고 밖으로 나갔다. 쉭쉭 날아다니는 쇠제비갈매기를 찍겠다는 것 같은데 그리 쉽지는 않은 듯했다. 거리가 멀었는지 다시 차로 들어와 쌍안경을 들었다. 제비갈매기류가 몇 종류 있는 것 같은데 너무 멀어서 확인하기가 쉽지 않다고 했다.

남편 말이 귀에 들어오지 않았다. 아들이 자꾸 징징거려서 빨리 차를 움직였으면 하는 생각뿐이었다. 쌍안경을 열심히 들여다보던 남편이 빠른 동작으로 카메라를 들고 밖으로 나갔다. 무슨 희귀한 새라도 본 모양이었다. 한참 만에 돌아와서는 대뜸 하는 소리가 미기록종을 찾은 것 같다고 했다. 얼른 차 안에 있던 도감들을 모두 펼쳤다. 유럽 도감, 동남아시아 도감, 인도 도감, 일본 도감, 대만 도감... 이렇게 외국 도감이 많았나 싶어 새삼 놀라웠다. 사진을 보니 큰제비갈매기처럼 보이는데 미심쩍은 부분도 있었다.

"아, Chinese Tern 같은데?"

"아니야, 부리 끝이 검지 않잖아."

"그러면, 이건 아닐까?"

"아니지, 부리가 주황색 빛을 많이 띠고 머리의 검은색 부분이 이마부터 연결되어 있잖아."

©강희만

1 소수가 무리지어 파도를 타며 먹이를 잡아먹었다.
2 큰제비갈매기의 비행

이리저리 뒤적거리고 옥신각신하다 결국 큰제비갈매기로 결정을 내렸다. 큰제비갈매기라면 2009년 제주도 도감을 만들 때 1968년 관찰기록이 애매모호하다고 해서 제주도 조류목록에서 제외시켰던 종이 아니던가. 우리나라에서도 1917년 채집 기록이 있지만 이 또한 확실치 않아 재검토가 필요하다고 생각하던 종이다. 희귀한 종을 만나서 기쁘긴 한데 참으로 묘한 기분이었다. 일단 지인들에게 전화를 걸었다.

동남아시아, 호주 북부 해안이 활동무대

큰제비갈매기와 씨름하다 보니 12시가 훨씬 지났다. 아들이 자꾸 징징거린 이유가 배고픔 때문이었는데 시간 가는 줄도 몰랐던 나는 차가 안 움직이니까 그러는 줄로만 알았던 것이다. 얼른 점심을 사러 편의점으로 달려갔다. 샌드위치와 햄버거, 음료수를 사고 다시 금성리로 돌아왔다. 지인이 도착해서 우리를 기다리고 있었다. 큰제비갈매기인지 확인해 보라고 사진을 보여주었다. 제대로 찍긴 했는데 거리가 멀어서인지 썩 좋은 사진은 아니었다. 남편과 지인은 게눈 감추듯 점심을 먹고는 큰제비갈매기를 최대한 가까이서 찍을 수 있는 곳으로 갔다. 아들은 점심으로 사온 샌드위치가 맛있는지 오물오물 잘도 먹었다. 차 안은 평화를 되찾았다.

사진을 찍으러 갔던 두 사람이 차로 되돌아왔다. 큰제비갈매기가

큰제비갈매기는 높은 파도 위를 날며 먹이를 찾아 다녔다.

30마리 정도 보이는 것 같다고 했다. 아들은 아빠가 보이자 소리를 지르며 밖으로 나가겠다고 난리다. 두 사람은 잠시 차 옆에서 얘기를 나누더니 다시 사진을 찍으러 가버렸다. 아들을 낮잠 재우려고 온갖 노력을 해보았지만 헛수고였다. 결국 밖으로 데리고 나가 돌아다니게 내버려두었다. 아직 잘 걷지 못하는 아들은 자갈이 깔린 길 위에서 몇 번 넘어져 긁히고 피가 났지만 좋다고 돌아다녔다. 10분 정도 지나 차를 타지 않겠다고 버티는 아들을 억지로 태우니 남편이 돌아와서 큰제비갈매기가 너무 멀리 가버렸으니 다른 해안으로 찾으러 가자며 시동을 걸었다.

해안을 따라 큰제비갈매기를 찾으며 차를 달렸다. 금성리에서 보았던 것처럼 많은 무리는 아니었지만 한두 마리가 귀덕리 해안, 대정읍 일과리 해안에서 관찰되었다. 이들 해안에서는 거리가 너무 멀어 망원경으로 겨우 확인할 수 있을 정도였다. 이렇게 큰제비갈매기와 함께 하루가 후딱 가버렸다.

큰제비갈매기*Thalasseus bergii*, Greater Crested Tern는 몸길이 45cm 정도로 괭이갈매기만하다. 크기와 더불어 굵고 큰 노란색 부리가 특징이고, 머리꼭대기와 뒷머리는 검은색이며 짧은 댕기깃이 뒷머리에 나 있다. 동남아시아와 호주 북부 해안 등지에서 번식하며, 겨울에는 번식지 주변 해양에서 활동한다. 태풍 메아리의 영향으로 원래 분포권보다 1천100km 이상 북쪽인 제주도에서 발견된 것 같다. 큰제비갈매기는 1917년 인천 연안에서 채집된 뒤로 국내에서는 한 번도 관찰된 적이 없어 이번 출현은 94년 만의 일이다.

일본에서 새를 보러 제주도를 찾아온 교수 일행.

제주도 탐조여행 가이드

제주도 탐조여행 안내

초보는 겨울, 고수는 여름이 좋아

계절

새 보기에 가장 좋은 계절은 겨울이다. 새들이 무리를 지어 월동하고 해안이나 해안 습지의 개방된 곳에서 생활하기 때문에 관찰하기가 쉽다. 또한 겨울에 월동하는 새들은 오리, 가마우지, 저어새처럼 크기가 커서 눈에 잘 띈다. 가끔 덩치 큰 맹금류들이 하늘 위를 날기도 한다. 맹금류를 구분할 줄 모른다 해도 시원스러운 외모 때문에 보는 것만으로도 기분이 좋아질 것이다. 그리고 겨울 새들은 에너지 소모를 최소화하기 위해 주로 휴식을 취하기 때문에 도망가거나 날아가 버릴 위험도 적다. 탐조 초보자에게는 겨울을 적극 추천한다.

초보 딱지를 떼고 탐조 경력이 조금 쌓인 상태라면 봄이 좋다. 봄은 이동철새들이 많이 찾아오고 평소에 보기 힘든 새들도 보이기 때문에 새로운 종을 추가하는 즐거움이 크다. 나뭇가지 사이로 쏙쏙 숨어드는 산새를 찾다가 숲 가장자리로 나와 먹이를 찾는 산새를 발견하면 재미는 두 배가 될 것이다. 모래해안이나 습지에 날아와 먹이를 잡고 휴식을 취하는 도요물떼새들의 종을 구분하고 있노라면 하루해가 꼬박 간다.

새로운 종을 발견하기가 버거울 정도로 웬만한 새를 전부 섭렵한 탐조 고수라면 여름이 좋다. 번식의 계절인 여름에 숲으로 들어가 아름다운 새들의 지저귐을 들으며 무슨 새인지 맞춰보는 즐거움을 만끽할 수 있다. 가을은 휴식의 계절이다. 새들이 별로 없기 때문에 겨울 탐조를 기다리며 정보를 공유하고 재충전하는 시간이다.

겨울은 개방된 곳에서 월동하는 새들을 볼 수 있어 초보 탐조가에게도 좋은 계절이다.

복장과 준비물

새를 보기 위해서는 기본적으로 쌍안경, 도감, 기록야장이 필요하다. 본격적으로 새를 보고자 한다면 망원경이 필요하지만 고가의 장비라 구입하기가 쉽지 않다.

육안으로 새를 본 후 쌍안경으로 확인하고 구분한다. 쌍안경은 배율이 높으면 어지러울 수 있고 구경이 넓으면 무거워진다. 배율은 8배와 10배, 구경은 25~42까지 다양하다. 작고 가벼운 것을 원한다면 8배 25 구경을 추천하고, 시원하게 보기를 원하면 구경이 큰 것을 권한다. 쌍안경에 적혀 있는 '8×25'는 8배 25 구경을 뜻한다. 망원경은 쌍안경으로 구분이 어려울 정도로 멀리 있는 새를 구분하는 데 쓰인다.

도감은 사진이나 그림, 설명이 같이 나와 있는 것이 좋다. 사진과 그림이 많은 것이 좋지만 도감을 볼 때는 설명도 꼼꼼히 읽는 습관을 들이는 것이 좋다. 미세한 차이는 설명으로 구분할 수 있기 때문이다.

도감을 보고 새를 구분했다면 날짜, 장소, 날씨 등을 기록한 후 관찰한 종과 개체수를 적는다. 주변 서식환경이나 새의 행동 등을 같이 기록하면 나중에 중요한 자료가 된다.

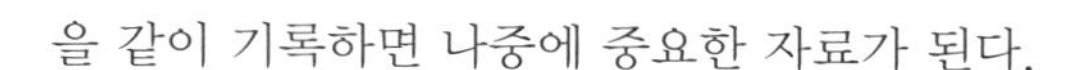

경제적인 여유가 된다면 카메라와 장축렌즈를 권한다. 현장에서 구분이 안 되거나 혼자서 구분하기 어려운 종들

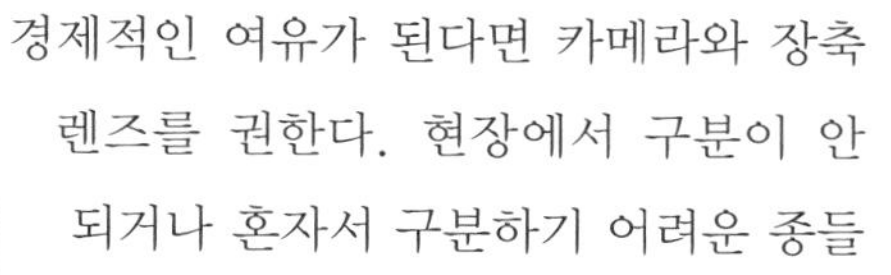

은 사진에 담아 전문가에게 의뢰하는 것이 새를 보는 능력을 향상시키는 지름길이다.

복장에도 신경을 써야 한다. 새들은 원색에 민감하기 때문에 빨강, 파랑, 노랑 등의 옷은 피한다. 야외 날씨는 변덕이 심하므로 추위에 노출되지 않도록 얇은 옷을 여러 벌 겹쳐 따뜻하게 입고 더우면 겉옷을 벗는 것이 좋다. 여름이라도 가벼운 남방이나 점퍼를 여벌로 챙길 필요가 있다.

확인해야 할 정보

※ 겨울철에는 가축방역 목적으로 석회를 뿌리고 심할 경우 출입을 통제하는 구간이 있기 때문에 통제 여부를 확인한다.

※ 마라도로 가는 배는 송악산과 모슬포 두 군데서 탈 수 있는데, 마라도에서 나오는 마지막 배의 시간과 선착장이 다를 수 있기 때문에 확인한다.

※ 제주도는 바람이 불면 체감온도가 많이 낮아지므로 기상정보를 확인하고 두터운 겉옷을 준비한다.

※ 제주도의 새에 대한 정보를 인터넷 홈페이지를 통해 미리 알아두면 도움 된다. 제주야생동물연구센터www.birdsinjeju.com에서 궁금하거나 필요한 사항들을 문의할 수도 있다.

새 관찰 수칙 10가지(환경부)

1. 대화는 소곤소곤, 걸음걸이는 살금살금

새들은 소리에 민감하기 때문에 이상한 소리가 들리면 매우 불안해합니다. 정숙한 관찰자가 더 많이 볼 수 있습니다. 시끄럽게 떠들거나 함부로 뛰어다니면 안 됩니다.

2. 녹색이나 갈색 옷이 좋아요

새는 사람보다 시력이 8~40배나 높습니다. 원색 옷은 새를 자극하고 스트레스를 주므로, 주변 환경과 잘 어울리게 여름에는 녹색, 겨울에는 갈색 옷을 입는 게 좋습니다.

3. 가까이 가지 마세요

새들은 우리가 가까이 가면 갈수록 위협을 느낍니다. 산새는 20m 이상, 물새는 50m 이상 떨어져서 관찰해야 합니다. 새를 자세히 보고 싶으면 쌍안경을 준비하는 것이 좋습니다.

4. 새가 사는 주변 환경을 보호해 주세요

새들은 살던 곳의 풀이나 나무가 훼손되면 다시 그 곳을 찾지 않습니다. 들풀, 야생화, 덩굴 등을 밟지 않도록 조심해야 합니다. 산딸기, 머루, 다래와 같이 새들의 먹이가 되는 열매를 함부로 채취하면 안 됩니다.

5. 둥지는 있는 그대로

둥지나 그 속에 있는 알을 만지면 알이 부화되지 않습니다. 둥지에 있는 풀이나 나뭇가지도 그대로 두어야 합니다. 새의 번식 기간 중에 번식지에 출입하면 안 됩니다.

6. 우르르 몰려다니면 무서워요

사람들이 몰려 있으면 새들이 금방 알아차립니다. 함께 움직이는 인원은 3~5명이 적당하며, 사람이 많을 때는 여러 그룹으로 나누어 움직이는 게 좋습니다.

7. 돌을 던지면 큰일나요

새가 날아오르는 장면을 보기 위해 돌을 던지면 새들이 화들짝 놀랍니다. 고니는 한 번 날아오를 때 30분간 먹은 에너지를 소모한다고 합니다. 돌을 던지거나 위협적인 행동을 하는 것은 절대 금물입니다.

8. 사진 찍을 때 조심하세요

플래시를 사용하면 새들이 스트레스를 받습니다. 좋은 사진을 찍으려는 욕심에 너무 가까이 가면 안 됩니다. 사진 찍을 때는 몸을 숨기고 조용히 찍어야 합니다.

9. 쓰레기를 버리지 마세요

우리가 버린 쓰레기는 새들에게 해를 줍니다. 무심코 버린 줄에 발이 묶이거나, 쓰레기를 먹고 죽는 새도 있습니다. 쓰레기는 봉투에 담아 집으로 가져가세요.

10. 자동차는 싫어요

자동차는 시끄러운 소리가 나고 눈에 잘 띄며, 바퀴 때문에 새 서식처가 파괴되기도 합니다. 차량은 허용된 도로와 주차장만을 이용해야 합니다.

무엇을 관찰하는가

새를 구별할 때 보통 전체적인 색깔을 보지만, 처음 새를 접하는 사람에게는 모두 똑같아 보일 때가 많다. 몸 크기와 색깔, 형태를 꼼꼼히 살펴보고 기록하는 습관을 들이면 새를 구별하는 데 도움이 된다.

몸 크기: 참새, 지빠귀, 비둘기, 까마귀, 갈매기, 오리, 기러기, 두루미 등 크기별로 대표종을 선정해 '참새보다 크다, 비둘기보다 작다' 등으로 비교한다.

몸 전체 형태: 가늘다, 통통하다, 머리와 꼬리가 가늘고 몸통은 통통하다, 꼬리 쪽으로 가늘어진다 등 전체적인 형태를 기록한다.

몸빛: 먼저 몸에서 가장 눈에 띄는 색깔을 살펴보고, 차츰 작은 부분의 색깔을 관찰한다.

깃털: 뻣뻣한지 부드러운지, 부리 기부에 가는 깃털이 있는지 없는지, 장식깃이 있는지 없는지 등을 살펴본다.

날개: 길이가 긴지 짧은지, 폭이 넓은지 좁은지, 끝이 좁아지는지 넓어지는지 등을 살펴본다.

꼬리: 길이가 긴지 짧은지, 끝이 둥근지 직선인지, 펼쳤을 때 제비꼬리형인지 둥근 부채형인지, 꼬리 길이에 비해 날개 길이가 긴지 짧은지 등을 살펴본다.

다리: 색깔, 길이 등을 기록한다.

발가락: 색깔과 길이, 발톱의 길이를 기록한다.

부리: 색깔, 길이, 휘었는지 직선인지, 위로 휘었는지 아래로 휘었는지, 가는지 굵은지 등을 살펴본다.

눈앞: 눈앞 피부가 노출되어 있는지 아닌지, 어떤 색깔을 띠는지 등을 살펴본다.

눈테: 눈테가 분명한지 분명하지 않은지, 어떤 색깔인지 등을 살펴본다.

장소: 물 위에 있는지, 나무에 있는지, 바다에 있는지 등 관찰 장소의 환경을 기록한다.

행동: 먹이를 먹는다면 어떻게 먹는지, 쉬고 있다면 어떤 자세로 쉬는지 관찰 당시의 행동을 그대로 기록한다.

관찰 시기: 관찰한 계절, 시간, 날씨 등을 꼼꼼히 기록한다.

기타 특징: 생김새의 특이한 점, 까닭을 알 수 없는 행동 등 궁금한 점들도 기록한다.

제주도 탐조여행 체험기

처음엔 누구나 초보, 용기 있게 시작하세요

제주도에 사는 강창완 씨에게서 전화가 왔다. (사)제주야생동물연구센터를 발족했고 첫 워크숍이 계획되었으니 오지 않겠느냐고 묻는다. 새와 특별한 인연도 없는 내게 워크숍에 참가하라는 얘기는 편한 마음으로 와서 함께 축하하자는 뜻으로 들렸다. 발족한 연구센터의 목적과 역할이 무엇인지 듣고, 모처럼 맑은 제주 바람이나 쐬고 오자는 생각에 아무런 준비 없이 오전 비행기에 올랐다.

제주공항에서 만난 일행 네 명을 태운 차는 워크숍 장소인 서귀포시 대평리로 향했다. 목적지의 위치를 정확히 알지 못하는 나는 고불고불 좁은 골목길로 들어서 바닷가에 다다를 때마다 이제 목적지에 도착했나 보다 생각했다. 그런데 일행은 바닷가에 잠시 멈춰 새를 관찰하며 촬영하고는 다시 출발해 또 다른 마을로 들어서기를 반복하고 있었다.

1 가다서기를 반복하며 차 안에서 새를 촬영했다.
2 발견한 매가 잘 찍혔는지 확인하는 일행.

제주도 남단의 해안마을을 돌며 새를 관찰하고 있었던 것이다.

계절, 나이, 번식기와 털갈이 때의 모습 각각 달라

새에 대한 소양이 전혀 없는 나는 일행의 행동에 더 관심이 갔다. 느슨하게 있다가도 날렵하게 촬영 자세를 취하는 몸놀림, 멀리 나는 새를 망원경으로 쫓으며 대뜸 새 이름을 말하는 노련함, 차가 멈추면 바로 시동을 끄는 행동 등이 새보다 더 흥미로웠다. 더불어 촬영에 쓰는 카메라와 렌즈, 망원경의 제원, 막 카메라에 담고 있는 새의 이름 등을 물어 적다보니 슬그머니 새에게로 관심이 옮겨가기 시작했고, 결국 카메라를 꺼내 들었다.

그때부터 낯선 경험이 시작되었다. 모두들 발견한 새가 내 눈에는 도무지 보이지 않았고, 손짓과 말로 설명하며 나의 눈에 띄게 해준 새를 촬영하려고 뷰파인더를 들여다보면 좁은 화각 안에 그 새를 집어넣는 것조차 힘들었다. 또 빌려 쓴 500mm에 컨버터까지 끼운 망원렌즈는 작은 호흡에도 출렁거리듯 흔들렸다.

검은가슴물떼새라고 알려준 새를 촬영했지만 좀처럼 이름에 나타난 특징을 확인할 수 없었다. '가슴이 검지도 않은데 왜 그런 이름이 붙었을까?' 속으로 생각하고 있는데 이야기 나누는 걸 들어보니 지금은 번식기가 아니라서 그렇단다. 깃이 너덜너덜 추해 보이는 왜가리는 또

털갈이를 하는 중이란다. 새의 여름깃과 겨울깃, 유조와 성조의 차이에 대해 이미 들은 바가 있지만 또 다른 변수들이 있다니, 새를 알아보기란 참 어렵다는 생각이 들었다.

바위 위에 백로들이 무리지어 앉아 있는 광경을 여러 곳에서 발견했다. 새에 대한 소양은 없지만 백로쯤은 알아볼 수 있었다. 그런데 망원경으로 관찰하고 사진을 찍던 일행들이 "쇠백로 틈에 중백로 두 마리, 황로 한 마리, 저기 중대백로도 하나…" 하며 그나마 갖고 있던 나의 자신감을 주저앉혔다. 그래도 빛깔이 뚜렷이 다른 흑로는 쉽게 구별할 수 있었다.

어이없는 일도 생겼다. 작은 어촌에서 빠져나와 포장도로를 달리던 중 누군가 갑자기 "비둘기다" 하고 소리쳤다. 급정거하고는 모두들 후다닥 차에서 내려 전깃줄 위에 앉은 비둘기를 찍었다. '비둘기 한 마리에 왜들 저러시나….' 곤충을 즐겨 관찰하는 나에게도 누구나 잘 알고 있는 배추흰나비나 대만흰나비 사진이 별로 없다는 사실을 떠올리며, 평소에 너무 흔해서 지나쳤던 비둘기라 이참에 하나 찍어두려나 보다 생각했다. 그 새가 날아가고 뿌듯한 표정으로 차에 돌아온 일행은 "사진 잘 찍혔어요?" 라고 물었다. 내가 차에서 사진을 찍고 있었던 것으로 생각한 듯했다. 별 말 없이 '뭘 비둘기를 가지고 그래요?' 하듯 의아한 표정을 짓고 말았는데, 그 다음 말이 압권이다. "비둘기조롱이 쉽게 보는 새가 아닙니다. 오늘 운 좋으셨어요."

제주도의 검은 바위 위에 모여 앉은 황로 무리.

㈔제주야생동물연구센터의 발기인들과 시간을 보내고 난 다음날은 아침부터 저녁 비행기를 탈 때까지 일정이 비어 있었다. 돌아갈 사람들은 돌아가고, 남은 사람들은 두 차에 나눠 타고 다시 새를 보러 다녔다. 전날처럼 속 시원히 새를 알아보지도 못하며 종일 돌아다닌다면 꽤나 길고 지루한 하루가 되겠다는 불안감도 조금은 생겼다.

다시 시작한 탐조. 바닷가에는 여러 종의 새들이 이리저리 몰려다녔고, 갯바위에서 쉬는 새들도 있었다. 제주도의 새 현황에 대해 누구보다 세밀히 파악하고 있는 강창완 씨는 직접 운전하며 새를 관찰하기 좋은 포인트로 안내해 주었고, '저기 뭐 있네' 하며 일일이 새를 찾아보여주었다.

그러다가 중요한 순간이 왔다물론 나에게만 중요한 순간. 바닷가에 종종걸음으로 몰려다니는 새들을 보며 "저기 세가락도요가 있네" 라고 강창완 씨가 말했다. 나는 창문 너머로 바닷가의 새들을 살폈지만 병아리처럼 작은 새들만 무리지어 다니고 있었다. "어디요?" 라고 물으니 바로 그 작은 새들을 가리켰다. 순간 머리가 멍해지는 느낌이었고, 나는 "아, 저기 있구나" 라고 말하는 대신 지식의 바닥을 그대로 드러내기로 했다. "저게 도요예요? 저는 도요새가 닭만한 줄 알았어요." 일행 모두가 멍해지는 것 같았다.

그제야 마음이 편안해졌다. “저, 새 몰라요. 좀 친절히 알려주세요” 라고 말한 셈이었고, 용기 내길 잘했다는 생각이 들었다. 그때부터 차에 동승한 사람들은 새 한 종 한 종을 볼 때마다 아이에게 설명하듯 그 새의 특징들을 알려주었다. 다리와 부리에 조금씩 차이가 있는 백로들을 구별할 수 있게 되었고, 그동안 바닷가에서 무심코 보았던 작은 새들이 도요인 것도 알게 되었으며, 종류가 많다는 것도 알았다. 차로 이동하는 동안에는 새들의 기본적인 습성과 특징 등 새에 대한 기초적인 설명도 아끼지 않았다.

나는 “이런 것도 모르면서 지금까지 어떻게 책을 만들었어요?” 라는 말까지 들을 각오였지만 그것은 괜한 걱정이었다. 그날 동승한 이들은 새에 대한 애정과 열정, 지식이 대단한 전문가들이었지만 일말의 권위적인 모습도 귀찮음도 없는 친절한 탐조 안내자가 되어 주었으며, 나는 참았던 궁금증을 쫑알쫑알 풀어내는 아이가 된 듯했다. 지루한 시간이 되었을 수도 있었을 하루가 알차고 즐거운 시간으로 채워졌다.

만일 내가 우연한 기회에 접하게 된 탐조여행에서 부끄러워 무지를 알리지 않았다면 그날은 참으로 답답하고 무의미한 날이 되었을 것이다. 또한 부끄러움을 무릅쓰고 용기를 낸 나에게 돌아온 것이 면박이었다면 그 뒤로도 새를 이해하기는 힘들었을 것이다. 생태에 처음 관심 갖는 사람들이 꼬치꼬치 묻기를 두려워한다면 좀처럼 이해하기 어려울 것이고, 스스로 체험하며 알아가기에는 너무나 많은 시간이 필요하다.

1 해안 절벽에 있었던 매.
2 모래밭에서 몰려다니며 먹이를 찾던 세가락도요들.

또한 전문가들이 초보자의 궁금증을 풀어주는 일을 등한시하거나 부끄러움을 느끼게 해 입을 막는다면, 생태 관련 인구의 저변확대라는 구호는 허망해질 것이다.

이틀 동안 전문가들의 안내로 70여 종의 새를 만났고, 그 중 53종이나 촬영하는 효율 높은 탐조여행을 했지만, 그때 촬영한 사진을 한 컷 한 컷 넘기는 지금 머리를 꽉 채우고 있는 것은 새들의 이름이 아닌 '용기'와 '친절'이라는 단어다.

조영권 〈자연과생태〉 편집장

제주도 주요 탐조지

4개 권역에서 계절별로 선택해야

겨울 탐조지는 구좌읍 하도리 철새도래지, 종달리 모래해안, 성산포 철새도래지, 한경면 용수저수지 등이 있다. 하루 일정이면 하도리-종달리-성산포 코스가 적당하다.

용수저수지에서는 저수지 둑-차귀도 선착장-용수논-용당리 해안-신창리 해안-두모리 논-금성리 해안으로 이어가면 좋다.

봄철 탐조지인 마라도는 송악산 선착장에서 배로 30분 거리다. 배에서의 30분을 바람 맞는 데 헛되이 쓰지 말고 바다에 집중해야 한다. 배 가까이서 헤엄치고 있는 뿔쇠오리를 발견할지 모른다. 선착장을 빠져나와 해안을 돌아본 뒤 소나무숲-억새가 펼쳐진 등대 뒤쪽-인가-습지 순으로 돌아본다. 뱃시간에 맞춰 하루에 충분히 볼 수 있지만, 관광객이 없는 적막한 마라도를 느껴보고 싶다면 1박을 권한다. 마라도와 더불어 봄철 이동철새 탐조지로 꼽히는 대정읍 일대는 섯알오름-알뜨르비행장-농경지-하수종말처리장 주변-하모리 소나무숲-신도다리-수월봉 코스가 적당하다.

한라산은 어느 등산로를 택하거나 보이는 새들이 비슷하다. 그리고 예상과 달리 새가 많지 않다. 가볍게 산책한다는 기분으로 체력에 무리가 가지 않는 곳까지 오르면서 쉬엄쉬엄 관찰한다.

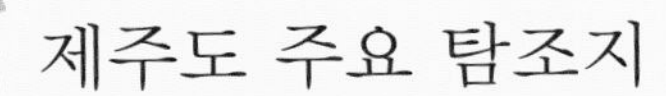

제주도 주요 탐조지

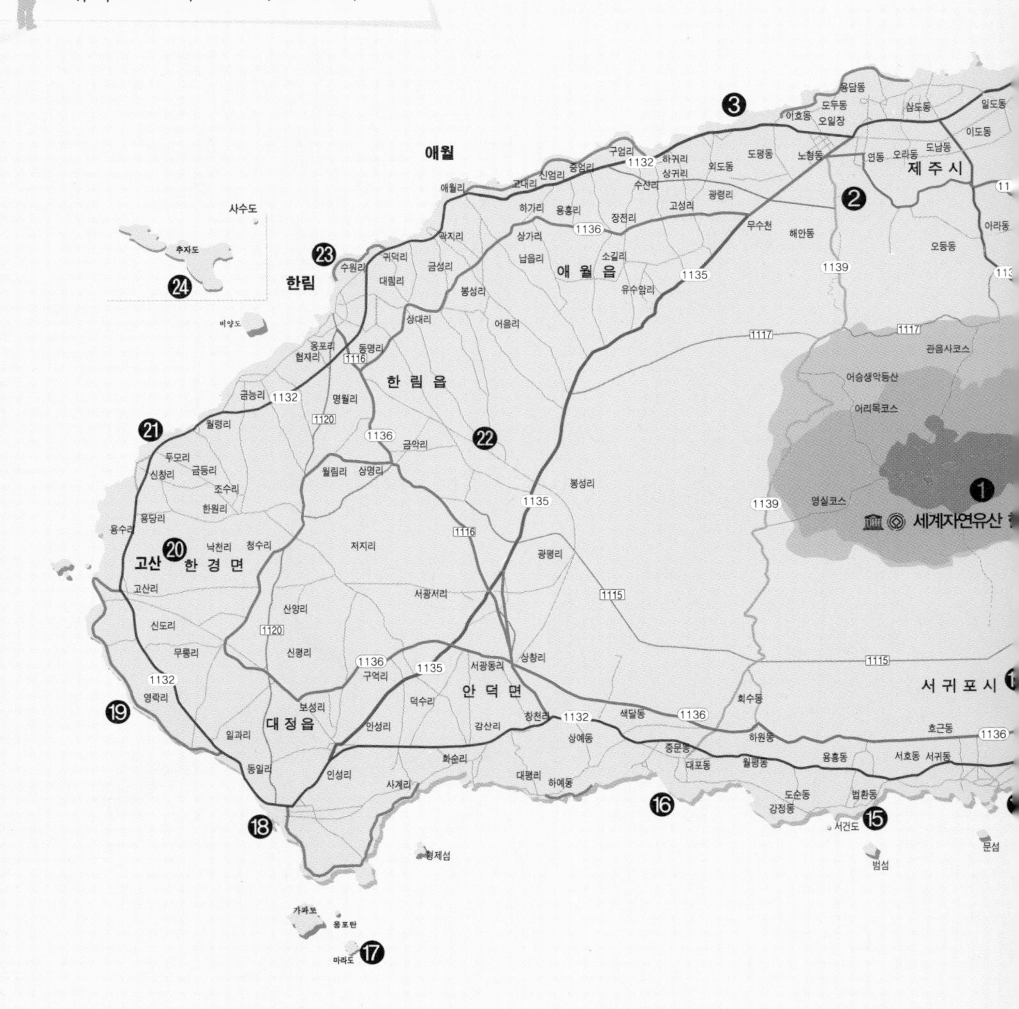

용담동
도두동
이호동
오일장
삼도동
일도동
이도동
애월
구엄리
1132
하귀리
상귀리
외도동
도평동
노형동
연동
오라동
도남동
제주시
중엄리
신엄리
고내리
애월리
수산리
광령리
고성리
하가리
용흥리
장전리
무수천
해안동
아라동
오등동
사수도
추자도
곽지리
상가리
1136
소길리
납읍리
애월읍
유수암리
1135
1139
귀덕리
금성리
수원리
대림리
봉성리
한림
비양도
상대리
어음리
1117
관음사코스
옹포리
협재리
동명리
1116
한림읍
어승생악등산
어리목코스
금능리
명월리
1120
월령리
금악리
두모리
신창리
금등리
월림리
상명리
조수리
한원리
봉성리
용당리
용수리
영실코스
세계자연유산
저지리
낙천리
청수리
고산
한경면
광평리
고산리
서광서리
1115
산양리
신도리
무릉리
신평리
구억리
서광동리
상창리
영락리
보성리
덕수리
안덕면
회수동
서귀포시
일과리
대정읍
안성리
감산리
창천리
색달동
하원동
호근동
상예동
중문동
대포동
월평동
용흥동
서호동
서귀동
동일리
화순리
인성리
사계리
대평리
하예동
도순동
강정동
법환동
서건도
형제섬
문섬
범섬
가파도
마라도

함덕
김녕
다려도
월정리
1132
북촌리
동복리
행원리
한동리
조천리
함덕리
세화
조 천 읍
구 좌 읍
평대리
하도리
난섬
대흘리
와산리
선흘리
1136
1112
상도리
종달리
우도
1118
세화리
송당리
시흥리
97
오조리
성산리
성 산 읍
고성리
교래리
수산리
신양리
성산
1119
온평리
난산리
성읍리
신산리
삼달리
가시리
신풍리
표선면
수망리
신천리
하천리
신흥리
의귀리
토산리
세화1리
한남리
표산리
남 원 읍
세화2리
표선
태흥리
남원
남원리
위미리
지귀도
1. 한라산 천연보호구역
2. 한라수목원
3. 이호해수욕장
4. 조천~함덕해안도로
5. 교래네거리
6. 선흘리 곶자왈
7. 김녕~세화해안도로
8. 하도철새도래지
9. 종달리
10. 오조리
11. 표선해수욕장
12. 남원큰엉 해안경승지
13. 정방폭포
14. 돈내코
15. 천지연폭포
16. 천제연폭포
17. 마라도
18. 하모리 해안도로
19. 고산~대정해안도로
20. 용수저수지
21. 금동리
22. 새별오름
23. 한림항
24.추자도

하도리 철새도래지 과거 이곳은 바닷물이 유입되는 만으로 지미봉 뒤쪽까지 길게 이어져 있었으나 일제 강점기에 논으로 활용하려는 계획을 세워 둑을 막아 현재의 저수지 형태가 되었다. 바닷물이 계속 유입되면서 논으로는 부적합하게 되자 양어장으로 활용했다. 북쪽은 모래언덕이 있는 바다와 접해 있고 방파제와 수문이 있어 수심을 조절하며 폭은 약 300m이다. 이곳에서 안쪽 양어장까지의 거리는 약 1km이고 그 안쪽은 사람의 출입이 어려운 넓은 갈대밭이다. 서쪽은 마을이 형성되어 있고 동쪽은 농경지이며 그 너머에 지미봉이 있다. 전체 면적은 약 0.77km^{2}이고 수심은 1m 정도이다. 6개 이상의 용출수가 분출되고 수문을 통해 바닷물이 유입된다. 국제적 멸종위기종인 저어새의 월동지로서 중요한 역할을 하고 있으며 매, 항라머리검독수리, 개구리매, 독수리 등 맹금류가 종종 출현한다. 알락오리, 홍머리오리, 댕기흰죽지, 물닭 등 겨울철새들의 주요 월동지로도 이용된다. 1년 동안 200여 종의 새가 관찰되며 90여 종의 겨울철새가 월동을 한다.

성산포 내부 면적이 155ha, 평균 수심은 120cm 정도이며 바다와 연결된 내만이었으나 갑문다리가 만들어지면서 저수지의 형태를 띠게 되었다. 갑문다리를 통해서 바닷물이 유입되고 고성천으로부터 민물이 흘러들어 바닷물과 민물이 만나는 기수역이다. 이런 지역에는 먹이가 많다. 그리고 주변으로 갈대밭과 해송숲이 넓게 형성되어 있어 매서운 겨울바람을 막아주는 바람막이 역할과 함께 고양이 등의 천적을 피할 수 있는 아주 좋은 피난처 구실을 한다. 이런 여건들로 인해 철새들이 겨울나기에 적합하며 우리나라에서 천연기념물 205-1호로 지정된 저어새의 최대 월동지로 주목받고 있다. 그 외에도 매, 황새, 고니, 흑기러기, 항라머리검독수리, 말똥가리 등 보호해야 할 멸종위기종들이 많이 관찰된다. 논병아리류, 오리류, 물닭 등 다양한 겨울철새들을 가까이서 관찰할 수 있어 새를 보기에 더없이 좋은 곳이다. 200여 종의 새들이 관찰되며 겨울철새가 가장 많다.

구좌읍 종달리 종달리해안의 모래갯벌은 지미봉 동쪽 두문포에서 성산읍 시흥리까지 약 3km의 해안선 길이와 최고 1km 이상의 폭으로, 광대한 암초와 모래갯벌로 이루어진 곳이다. 제주도 내에서 가장 큰 해안사구이며 해안선을 따라 곳곳에 갈대밭과 저수지가 산재해 있다. 과거 종달리 마을 인근에는 제주도 내에서는 비교적 규모가 큰 논농사가 이루어졌던 것으로 보아 이 지역이 중요한 습지임을 알 수 있다. 넓은 모래갯벌은 해양생물이 많이 서식하고 있어 저어새의 채식지로 이용되며 봄과 가을 도요·물떼새가 휴식을 취하고 먹이를 찾는 중간기착지로서의 역할을 한다. 종종 국제적 멸종위기종인 넓적부리도요가 나타나 새를 좋아하는 사람들을 긴장시키기도 한다.

표선면 표선해수욕장 넓은 모래사장이 펼쳐져 있고 사람 출입이 드물어 봄철과 가을철에 도요· 물떼새가 종종 찾아온다. 주로 민물도요, 좀도요, 세가락도요 등이 관찰되지만 간혹 알락꼬리마도요, 큰물떼새, 큰부리제비갈매기 등 희귀한 종들도 나타나고, 뜬금없이 큰고니가 나타나 사람들을 당황시키기도 한다. 최근에 모래사장에서 말 달리는 사람들과 개가 출현해 새들의 중간기착지로서의 역할을 상실하고 있지만 간혹 나타나는 희귀종들 때문에 종종 들르게 된다.

서부지역 탐조지

대정읍 하모리 일대: 대정읍 하모리 일대는 봄철 이동철새들이 많이 찾는 곳 중 하나로 주요 관찰지는 초지로 이루어진 알뜨르 비행장, 소나무숲으로 이루어진 섯알오름, 그리

고 인근 농경지 등이다. 초지인 알뜨르비행장은 공군 비행장으로 출입이 금지되어 있지만 이로 인해 사람들의 방해가 적어 바다를 건너온 쇠부리도요나 큰물떼새, 큰꺅도요 등 희귀한 이동철새들에게 휴식 및 먹이터를 제공한다. 섯알오름은 4 · 3사건의 아픈 기억을 간직하고 있는 역사적인 장소지만 새를 보러 다니는 탐조인들 사이에는 봄철 작은 이동산새들을 보기에 적합한 곳으로 알려져 있다. 황금새, 큰유리새, 검은지빠귀, 붉은배지빠귀, 흰눈썹붉은배지빠귀 등이 주로 관찰되며 탐조와 더불어 산딸기를 따먹는 색다른 재미를 맛볼 수 있다. 봄철 이동철새가 지나가는 시기에 감자꽃이 하얗게 피어 눈을 즐겁게 해주며 제비물떼새, 큰물떼새, 쇠종다리 등이 숨바꼭질을 하는 재미있는 곳이다.

마라도 새들은 봄에는 번식을 하기 위해 남쪽에서 북쪽으로, 가을에는 번식을 마치고 나서 따뜻한 지역을 찾아서 북쪽에서 남쪽으로 이동을 한다. 그런데 이들 지역 사이는 거리가 아주 멀어 단숨에 날아갈 수가 없으므로, 여행하다가 잠시 쉬고 먹이를 보충할 곳이 필요하다. 제주도에서는 동남아시아 등지에서 겨울을 지낸 새들이 봄에 먼 바다를 건너와 처음 보게 되는 섬이 마라도다. 그래서 마라도에서는 이동 중 잠시 쉬었다 가는 희귀한 새들을 많이 볼 수 있다. 작은 산새부터 몸집이 큰 맹금류까지 다양하게 볼 수 있으며 여름에는 국제적인 멸종위기종인 섬개개비가 번식하는 아주 중요한 섬이다.

한경면 용수리 제주도에서 논농사가 가능한 몇 곳 중 하나다. 논농사를 하려면 가뭄에 대비해서 물을 가두어 두는 곳이 있어야 한다. 그래서 만들어진 곳이 용수리 저수지다. 이 저수지는 논농사를 위해 만들어졌지만 겨울철새들이 따뜻하게 겨울을 나는 장소가 되기도 한다. 흰뺨검둥오리, 청둥오리, 쇠오리 등 다양한 오리들과 물닭, 논병아리들이 겨울을 난다. 근처 논에서는 가끔 황새가 출현해 미꾸라지를 잡아먹거나 휴식을 취하는 모습을 볼 수 있다. 항라머리검독수리, 말똥가리, 물수리 같은 맹금류도 하늘 높이 떠서 먹잇감을 찾아다닌다. 주로 겨울철새들이 도래하지만 봄과 가을에도 알락도요, 장다리물떼새, 민댕기물떼새 등 다양한 도요 · 물떼새들을 관찰할 수 있다.

한경면 금등리 한경면 용수리에서 차를 타고 동쪽으로 5분 거리에 위치한 곳으로 겨울철새들이 많이 관찰된다. 인근 양식장에서 흘러나오는 넙치새끼와 양식장의 사료 찌꺼기를 먹기 위해 모여든 숭어를 노리고 온 물수리, 왜가리, 가마우지, 흑로 등이 주로 관찰된다. 2~3년 전 황새가 나타나 먹이터로 이용하기도 했다. 흰뺨검둥오리, 청둥오리, 알락오리 등 오리류도 많이 월동한다.

안덕면 사계리 지나는 길에 잠깐씩 들르는 곳으로 수백 마리의 뿔논병아리 무리를 볼 수 있다. 흰뺨검둥오리와 청둥오리의 주요 월동지이며 아비류 등도 관찰된다.

대정읍 무릉리 논 제주도에서 아직도 경작이 이루어지는 몇 안 되는 논 중 하나다. 주로 봄철에 이동하는 도요 · 물떼새를 관찰할 수 있으며 가을철에 이동하는 비둘기조롱이나 새호리기 무리를 관찰하는 행운이 따를 수도 있다. 현재 복토되어 밭으로 변경되면서 논으로의 운명은 그리 밝지 않다.

남부지역 탐조지

한라산 계곡 한라산에는 비 올 때만 물이 흐르는 건천인 가파른 계곡이 많다. 이들 계곡 주변은 나무가 아주 울창하고 빽빽해서 산새들이 살아가기에 적당하다. 그래서 이들 숲에는 동박새, 흰눈썹황금새, 긴꼬리딱새, 곤줄박이 등 산새들이 둥지를 틀고 알을 낳고 새끼를 키운다. 그리고 땅 위에는 낙엽이 많이 쌓여 습하기 때문에 지렁이가 많다. 지렁이를 주로 먹는 팔색조, 호랑지빠귀, 흰배지빠귀 등도 번식을 한다.

북부지역 탐조지

한라수목원 도심지 근처에 위치한 공원으로 자연을 보면서 지친 몸과 마음을 쉴 수 있는 곳이다. 이곳에 가면 나무와 꽃이 많다. 봄이면 진달래, 복사꽃이 아름답게 피고 동박새, 박새들이 지저귀는 소리를 들을 수 있다. 벚나무 열매가 익어갈 무렵 녹색비둘기가 나타나기도 한다. 여름에는 푸르른 나뭇잎들 사이로 긴꼬리딱새 등 번식하는 새들이 부지런히 먹이를 찾아 돌아다니는 모습을 볼 수 있다. 가을에는 울긋불긋 단풍이 아주 아름답고, 겨울을 나기 위해 콩새나 검은머리방울새 등이 찾아온다. 겨울이면 땅에 떨어진 열매나 씨앗을 먹기 위해 그리고 나무에 달린 나무열매를 먹기 위해 새들이 돌아다닌다.

애월읍 금성리 바다와 접한 조간대로 흑로, 갈매기류, 가마우지가 주로 관찰되며 봄철에는 노랑부리백로가 종종 관찰된다. 봄철 도요 · 물떼새가 중간기착지로 이용하며 최근에 저어새 한 마리가 관찰되었고, 2011년 여름 태풍이 지나간 이후 큰제비갈매기가 나타나는 등 새로운 탐조지로 부각되고 있다.

한림읍 한림항 주로 갈매기류를 관찰하는 곳이다. 탐조지로는 한림항보다 옹포천 일대가 더 매력적이다. 작은 논과 미나리밭 그리고 버려진 습지, 연중 물이 흐르는 개울 등이 있으며 제주도에서 호사도요 번식을 처음 확인한 곳이기도 하다. 붉은부리찌르레기 번식의 단서를 잡았던 곳으로 뜬금없이 나타나는 희귀종들 때문에 가끔 들르게 되는 탐조지다.

1년 내내 볼 수 있는 종

꿩
농경지, 초지, 숲 등 제주도 전역에서 관찰된다.

논병아리
하도리, 성산, 용수저수지 그리고 해안에서 볼 수 있다.

왜가리
해안, 저수지, 연못 등 제주도 전역에서 볼 수 있다.

중대백로
해안가, 포구, 저수지 등에서 볼 수 있다.

쇠백로
해안가나 포구, 저수지 등에서 볼 수 있다.

흑로
해안 조간대에서 먹이를 잡으며 해안 절벽에서 번식한다.

가마우지
해안 갯바위에 앉아 쉬는 모습을 볼 수 있다.

매
해안가에서부터 한라산 정상까지 볼 수 있으며 해안 절벽에서 번식한다.

쇠물닭
작은 습지나 연못 등에서 관찰할 수 있다.

흰물떼새
모래해안이나 사구에서 볼 수 있다.

깝작도요
해안가 갯바위, 습지, 갯벌 등에서 먹이 찾는 모습을 볼 수 있다.

멧비둘기
농경지, 도심, 초지, 곶자왈, 숲 등 제주도 전역에서 관찰된다.

물총새
해안이나 해안 습지에서 물고기를 사냥하는 모습을 볼 수 있다.

큰오색딱다구리
중산간 숲, 곶자왈, 한라산 천연보호구역 등에서 관찰된다.

때까치
저지대 농경지, 초지에서부터 중산간지역, 한라산 윗세오름까지 관찰된다.

까치
해안 저지대에서부터 중산간지대까지 관찰된다.

큰부리까마귀
어리목광장이나 윗세오름 등에서 쉽게 볼 수 있다.

박새
해안가 저지대 인가에서부터 한라산 고지대 구상나무림에서 관찰된다.

곤줄박이
중산간 숲과 한라산 등산로에서 쉽게 볼 수 있다.

오목눈이
중산간 숲, 곶자왈 등에서 관찰된다.

직박구리
도심과 농촌 어디서나 관찰되며 한라산 정상 부근까지 제주도 전역에 분포한다.

휘파람새
해안가 저지대 숲이나 농경지, 중산간 숲, 한라산 관목림 지대에서 주로 관찰된다.

종다리
대정읍 일대 농경지와 초지에서 쉽게 볼 수 있다.

동박새
해안가, 중산간 숲, 곶자왈, 과수원 등에서 주로 관찰된다.

굴뚝새
해안가 저지대 숲이나 습지, 한라산 해발 1,700m 지점까지 볼 수 있다.

호랑지빠귀
농경지, 도심(공원), 중산간 숲, 곶자왈 등에서 볼 수 있다.

흰배지빠귀
숲이나 도심 공원, 농경지 인근 덤불 등에서 관찰된다.

바다직박구리
해안가에서 주로 관찰되며 해안 절벽 등에 번식한다.

참새
농경지가 있는 인가 주변이나 도심에서 관찰된다.

방울새
해안 저지대에서부터 한라산 고지대까지 제주도 전역에서 관찰된다.

멧새
해안가 저지대에서부터 한라산 정상까지 분포한다.

노랑턱멧새
해안가 숲이나 농경지, 그리고 한라산 고지대에서 관찰된다.

여름에 볼 수 있는 종

황로
초지, 논에서 무리지어 생활하는 것을 볼 수 있다.

중백로
해안가 초지나 습지에서 주로 볼 수 있다.

뻐꾸기
농경지, 중산간 초지, 한라산 정상 부근에서 관찰된다.

두견이
제주도 전역에서 여름에 소리 내는 것을 들을 수 있다.

제비
제주도 전역에서 비행하는 모습을 볼 수 있다.

개개비사촌
주로 대정읍 일대 농경지나 초지에서 볼 수 있다.

개개비
해안가 숲이나 갈대밭에서 볼 수 있다.

흰눈썹황금새
중산간 숲의 나무구멍에서 번식한다.

큰유리새
여름에 계곡이나 숲에서 번식한다.

알락할미새
인가 주변, 농경지 등에서 볼 수 있다.

혹부리오리
저수지, 해안가 등에서 볼 수 있다.

알락오리
하도리, 성산포, 용수저수지, 서림정수장 등에서 먹이 찾는 모습을 볼 수 있다.

홍머리오리
하도리, 성산, 오조리 해안 등에서 볼 수 있다.

청둥오리
하도리, 성산, 용수저수지 등에서 볼 수 있다.

흰뺨검둥오리
하도리, 성산, 용수저수지 및 사계리 등 해안가에서 볼 수 있다.

넓적부리
하도리, 성산포, 오조리, 용수저수지 등에서 볼 수 있다.

고방오리
하도리, 성산포, 용수저수지, 표선리 해안 등에서 볼 수 있다.

쇠오리
하도리, 성산, 용수저수지 그리고 해안의 작은 습지에서 볼 수 있다.

흰죽지
하도리, 성산, 오조리, 용수저수지 등에서 볼 수 있다.

댕기흰죽지
하도리, 성산, 오조리, 용수저수지 등에서 볼 수 있다.

바다비오리
해안에서 물고기를 사냥하거나 먹이를 찾는 모습을 볼 수 있다.

아비
수심이 낮은 해안 조간대나 포구에서 관찰되며 간혹 용수저수지에서도 보인다.

큰회색머리아비
제주도 전역 해안에서 보이며 주로 포구에서 가까이 볼 수 있다.

뿔논병아리
주로 해안에서 관찰되며 대평리, 사계리 등에 무리지어 있다.

노랑부리저어새
성산포나 하도리에서 소수가 월동한다.

민물가마우지
하도리, 성산 등 저수지 및 행원 해안에서 볼 수 있다.

황조롱이
해안가에서부터 한라산 정상 부근까지 볼 수 있다.

물수리
해안이나 저수지 상공에서 먹이 찾는 모습을 볼 수 있다.

말똥가리
해안, 농경지, 중산간지역, 한라산 고지대에서 볼 수 있다.

물닭
하도리, 성산포, 용수저수지 등에서 볼 수 있다.

댕기물떼새
해안가 저수지, 초지대, 농경지, 중산간 초지 등에서 볼 수 있다.

개꿩
해안 조간대나 모래해안 등에서 볼 수 있다.

괭이갈매기
제주도 전역 해안이나 포구에서 무리를 이룬다.

재갈매기
해안이나 포구 등에서 무리지어 월동한다.

큰재갈매기
해안이나 포구에서 다른 갈매기 무리에 섞여 있는 소수를 볼 수 있다.

바다쇠오리
주로 해안 포구에서 볼 수 있다.

큰소쩍새
중산간 숲, 곶자왈, 도심 등에서 관찰되며 교통사고 당한 개체를 종종 볼 수 있다.

찌르레기
인가 주변, 숲, 농경지 등 제주도 전역에서 볼 수 있다.

개똥지빠귀
해안에서부터 중산간지역까지 보이며 도심 공원, 농경지 등에서 볼 수 있다.

유리딱새
해안가 숲, 초지, 농경지, 도심, 중산간 숲 등에서 보인다.

딱새
숲, 농경지, 도심 공원 등 제주도 전역에서 볼 수 있다.

밭종다리
해안가나 중산간 농경지, 초지에서 볼 수 있다.

콩새
숲이나 공원 등에서 볼 수 있다.

장다리물떼새
얕은 물이 고인 습지나 논습지, 해안가 습지에서 먹이 찾는 모습을 볼 수 있다.

꼬마물떼새
저수지, 해안가, 농경지 등에서 볼 수 있다.

왕눈물떼새
해안가나 모래해안 등에서 볼 수 있다.

꺅도요
갈대습지, 논습지 등에서 긴 부리로 먹이 찾는 모습을 볼 수 있다.

흑꼬리도요
해안, 모래해안, 논 등에서 볼 수 있다.

큰뒷부리도요
해안, 모래해안 등에서 관찰되며, 종달리, 표선리, 평대리, 옹포리 등에 도래한다.

중부리도요
해안가, 모래해안, 초지, 부속섬 등에서 볼 수 있다.

청다리도요
저수지, 해안조간대, 논, 습지 등 제주도 전역에서 볼 수 있다.

삑삑도요
논습지, 개울 등에서 볼 수 있다.

알락도요
논, 저수지, 해안 담수 습지 등에서 볼 수 있다.

뒷부리도요
해안가나 모래해안, 습지 등에서 볼 수 있다.

노랑발도요
해안가 조간대에서 주로 볼 수 있다.

꼬까도요
모래해안, 갯바위, 저수지 등에서 볼 수 있다.

붉은어깨도요
해안가, 저수지 등에서 볼 수 있다.

세가락도요
해안가, 모래해안 등에서 볼 수 있다.

좀도요
모래해안, 해안가 습지 등에서 볼 수 있다.

메추라기도요
해안가, 논, 습지, 저수지 등에서 볼 수 있다.

민물도요
해안이나 습지의 펄에서 긴 부리를 콕콕 찍으며 먹이 찾는 모습을 볼 수 있다.

솔부엉이
부속섬, 곶자왈, 중산간 숲, 도심 등에서 볼 수 있다.

칼새
해안가에서부터 한라산 정상까지 무리지어 비행하는 모습을 볼 수 있다.

파랑새
부속섬, 해안가 숲, 농경지, 중산간 숲 등에서 볼 수 있다.

솔새
해안가 숲이나 마라도 소나무숲에서 볼 수 있다.

산솔새
해안가 숲이나 마라도 소나무숲에서 볼 수 있다.

쇠솔딱새
해안가 숲이나 마라도 숲 가장자리에서 먹이 잡는 모습을 볼 수 있다.